A. Anderssens

SCHACHPARTIEEN

aus den Jahren 1864 und 1865.

Analysirt und herausgegeben

von

G. R. Neumann,
Mitredacteur der neuen Berliner Schachzeitung.

Berlin, 1866.
Verlag von Julius Springer
Monbijou-Platz No. 3.

Herrn von Kraewel-Bresa

hochachtungsvoll

der Herausgeber.

Vorrede.

Die folgenden 86 Partieen sind die grösste Zierde der Jahrgänge 1864 und 1865 der neuen Berliner Schachzeitung. Da wir sie zum grossen Theil mit vermehrten und verbesserten Anmerkungen versehen haben, so rechnen wir auf den Dank der Schachfreunde.

Die Notation, deren wir uns bedient haben, ist die gewöhnlichste:

K bedeutet: König.
D - Dame.
T - Thurm.
L - Läufer.
S - Springer.
0—0 - Rochade mit dem Königsthurme.
0—0—0 - Rochade mit dem Damenthurme.
: - nimmt.
† - Schach!
ǂ - nimmt mit Schach!
‡ - Schachmatt!
⧧ - nimmt mit Schachmatt!
(!) - der beste Zug.
(?) - kein guter Zug.

Die Benennung der Felder erhellt aus folgendem Diagramme:

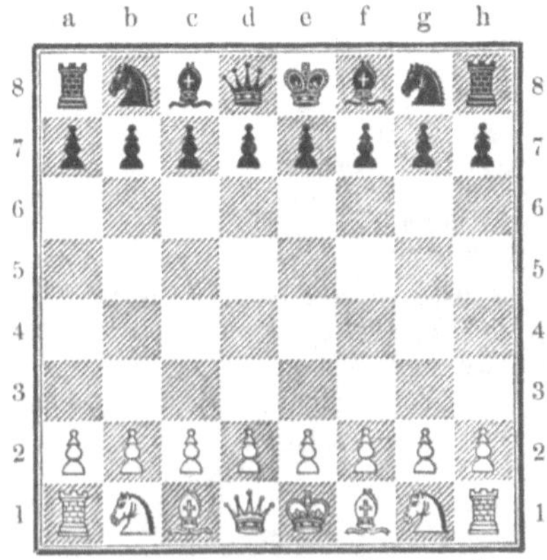

Wer die Partieen nach den Eröffnungen studiren will, bediene sich folgenden Führers:

Inhalts-Verzeichniss.

I. Königsspringerspiel

1) e2—e4 e7—e5 2) Sg1—f3

A. Vertheidigung mit dem Damenspringer.

2) . . . . Sb8—c6

1. Italienische Partie.

3) Lf1—c4 Lf8—c5

a) Gambit des Capitain Evans.

4) b2—b4

Erste Spielart:

4) . . . . Lc5—b4: 5) c2—c3 Lb4—a5 6) d2—d4 e5—d4: 7) 0—0 d4—c3:

(„Die compromittirte Vertheidigung des Evans-Gambit.“)

Partie — Seite

47. G. R. Neumann gewinnt gegen Anderssen 72
86. E. Schallop verliert gegen Anderssen 125

Zweite Spielart:

4) . . . . Lc5—b4: 5) c2—c3 Lb4—c5 6) 0—0 d7—d6 7) d2—d4 e5—d4: 8) c3—d4: Lc5—b6

(„Die normale Vertheidigung des Evans-Gambit.“)

Erste Angriffsweise 9) d4—d5

[α. Mit der Vertheidigung 9) . . . . Sc6—b8 (?)]

4. Anderssen gewinnt gegen C. Mayet 6
6. Anderssen verliert gegen C. Mayet 8
53. Anderssen gewinnt gegen C. Mayet 80
71. Anderssen gewinnt gegen C. Mayet 106

[β. Mit der Vertheidigung 9) . . . . Sc6—a5 (!)]

1. G. R. Neumann verliert gegen Anderssen 1
8. Anderssen gewinnt gegen G. R. Neumann 11
17. Anderssen gewinnt gegen G. R. Neumann 26
28. Anderssen verliert gegen G. R. Neumann 42
32. Anderssen gewinnt gegen G. R. Neumann 49
36. G. R. Neumann verliert gegen Anderssen 56
42. Anderssen gewinnt gegen V. Knorre 65
46. Anderssen gewinnt gegen G. R. Neumann 70
52. G. R. Neumann macht remis gegen Anderssen 79
54.*) Anderssen macht remis gegen G. R. Neumann 81
62. Anderssen gewinnt gegen G. R. Neumann 93
63. Anderssen verliert gegen G. R. Neumann 94
74. Anderssen gewinnt gegen G. R. Neumann 110
76. G. R. Neumann macht remis gegen Anderssen 113
80. V. Knorre verliert gegen Anderssen 118

Zweite Angriffsweise 9) Sb1—c3

[α. Mit der Vertheidigung 9) . . . . Sg8—e7 (?)]

40. V. Knorre verliert gegen Anderssen 61

[β. Mit der Vertheidigung 9) . . . . Sc6—a5 (!)]

9. G. R. Neumann gewinnt gegen Anderssen 12
10. G. R. Neumann macht remis gegen Anderssen 13
39. V. Knorre gewinnt gegen Anderssen 60
68. G. R. Neumann verliert gegen Anderssen 101

Dritte Angriffsweise 9) Lc1—b2

13. G. R. Neumann verliert gegen Anderssen 20

*) In Partie 54 führte Anderssen die weissen und Neumann die schwarzen Steine.

Dritte Spielart.

4) .... Lc5—b6 (Abgelehntes Evans-Gambit.)

Partie — Seite
19. Anderssen verliert gegen B. Suhle 29
21. Anderssen macht remis gegen B. Suhle 32

b. die Rochade im 4. Zuge der italienischen Partie.

4) 0—0

81. V. Knorre gewinnt gegen Anderssen 119

2. Die ungarische Partie.

3) Lf1—c4 Lf8—e7

18. Anderssen gewinnt gegen C. Mayet 28

3. Das Spiel des Ruy-Lopez oder die spanische Partie.

3) Lf1—b5

Erste Vertheidigung 3) .... Sg8—f6.

a. 4) 0—0

[mit der Fortsetzung 4) .... Sf6—e4: 5) d2—d4 Lf8—e7 6) Dd1—e2 Se4—d6 7) Lb5—c6: b7—c6:(!) 8) d4—e5: Sd6—b7 9) Lc1—e3 0—0 10) Tf1—d1 Dd8—e8 11) Sb1—c3]

15. G. R. Neumann macht remis gegen Anderssen 22
24. G. R. Neumann macht remis gegen Anderssen 37
29. G. R. Neumann macht remis gegen Anderssen 44
50. G. R. Neumann verliert gegen Anderssen 76
70. G. R. Neumann verliert (?) gegen Anderssen 105
77. G. R. Neumann gewinnt gegen Anderssen 114
82. G. R. Neumann gewinnt gegen Anderssen 120
83. E. Schallop verliert gegen Anderssen 121

b. 4) d2—d3.

[α. Mit der Vertheidigung 4) .... Lf8—c5 (?)]

5. C. Mayet verliert gegen Anderssen 7
25. G. R. Neumann macht remis gegen Anderssen 38
56. E. Schallopp gewinnt gegen Anderssen 84
64. G. R. Neumann verliert gegen Anderssen 95

[β. Mit der Vertheidigung 4) .... d7—d6]

73. Anderssen verliert gegen G. R. Neumann 108

Zweite Vertheidigung 3) .... Sg8—e7

2. G. R. Neumann gewinnt gegen Anderssen 3
30. E. Schallopp verliert gegen Anderssen 45
34. G. R. Neumann gewinnt gegen Anderssen 52
35. G. R. Neumann verliert gegen Anderssen 54
55. G. R. Neumann verliert gegen Anderssen 83
65. G. R. Neumann gewinnt gegen Anderssen 97
69. G. R. Neumann gewinnt gegen Anderssen 103

Dritte Vertheidigung 3) .... d7—d6

48. G. R. Neumann verliert gegen Anderssen 73

Vierte Vertheidigung 3) .... a7—a6

60. G. R. Neumann verliert gegen Anderssen 90
61. E. Schallopp macht remis gegen Anderssen 92

4. Schottisches Gambit.

1) e2—e4 e7—e5 2) Sg1—f3 Sb8—c6 3) d2—d4

31. Anderssen gewinnt gegen E. Schallopp 47

B. Vertheidigung mit dem Königsspringer.

2) .... Sg8—f6 (Russisches Springerspiel.)

38. Anderssen gewinnt gegen B. v. Guretzky-Cornitz 58

II. Königsläuferspiel.

1) e2—e4 e7—e5 2) Lf1—c4

Partie | Seite
11. Anderssen macht remis gegen G. R. Neumann 15
12. Anderssen verliert gegen G. R. Neumann 18

III. Damenspringerspiel.

1) e2—e4 e7—e5 2) Sb1—c3 (Hampes Spieleröffnung oder wiener Partie.)

44. B. v. Guretzky-Cornitz verliert gegen Anderssen 68
45. B. v. Guretzky-Cornitz gewinnt gegen Anderssen 69

IV. Königsgambit.

1) e2—e4 e7—e5 2) f2—f4

A. Königsspringergambit.

1) e2—e4 e7—e5 2) f2—f4 e5—f4: 3) Sg1—f3

1. Das gewöhnliche Springergambit.

3) . . . . g7—g5 (!) 4) Lf1—c4 Lf8—g7

[mit der Fortsetzung 5) h2—h4 h7—h6 6) d2—d4 d7—d6]

16. Anderssen gewinnt gegen G. R. Neumann 25
33. Anderssen verliert gegen G. R. Neumann 51
37. Anderssen verliert gegen G. R. Neumann 57
67. Anderssen verliert gegen G. R. Neumann 100
78. Anderssen gewinnt gegen G. R. Neumann 116
79. Anderssen verliert gegen G. R. Neumann 117

2. Muzio-Gambit.

3) . . . . g7—g5 4) Lf1—c4 g5—g4 5) 0—0

14. G. R. Neumann gewinnt gegen Anderssen 21
26. Anderssen verliert gegen G. R. Neumann 39
49. G. R. Neumann gewinnt gegen Anderssen 75
66. G. R. Neumann verliert gegen Anderssen 98

3. Kieseritzky-Gambit.

3) . . . . g7—g5 4) h2—h4 g5—g4 5) Sf3—e5

[mit L. Paulsens Vertheidigung 5) . . . . Lf8—g7]

43. Anderssen gewinnt gegen E. Schallopp 67
75. Anderssen gewinnt gegen V. Knorre 111

B. Mittelgambit gegen Läufergambit.

1) e2—e4 e7—e5 2) f2—f4 e5—f4: 3) Lf1—c4 d7—d5

3. C. Mayet verliert gegen Anderssen 5
7. W. Schulten verliert gegen Anderssen 10
22. B. Suhle gewinnt gegen Anderssen 34
23. B. Suhle verliert gegen Anderssen 35
27. B. Suhle verliert gegen Anderssen 41
41. C. Mayet gewinnt gegen Anderssen 63
57. G. R. Neumann verliert gegen Anderssen 85
72. C. Mayet macht remis gegen Anderssen 107

C. Mittelgambit gegen Königsgambit.

1) e2—e4 e7—e5 2) f2—f4 d7—d5

51. Anderssen verliert gegen G. R. Neumann 77
59. Anderssen verliert gegen G. R. Neumann 88
84. Anderssen gewinnt gegen E. Schallopp 123

V. Sicilianische Partie.

1) e2—e4 c7—c5

20. Anderssen gewinnt gegen B. Suhle 31
58. B. Suhle macht remis gegen Anderssen 87
85. Anderssen verliert gegen E. Schallopp 124

1.

Evans-Gambit.

	A. Anderssen.	G. R. Neumann.
	Weiss.	Schwarz.
1)	e2—e4	e7—e5
2)	Sg1—f3	Sb8—c6
3)	Lf1—c4	Lf8—c5
4)	b2—b4	Lc5—b4:
5)	c2—c3	Lb4—c5
6)	0—0	d7—d6
7)	d2—d4	e5—d4:
8)	c3—d4:	Lc5—b6
9)	d4—d5 a)	Sc6—a5
10)	Lc1—b2	Sg8—e7 b)
11)	Lc4—d3	0—0
12)	Sb1—c3	Se7—g6 c)
13)	Sc3—e2	c7—c5
14)	Dd1—d2	f7—f6
15)	Kg1—h1	Lc8—d7
16)	Sf3—e1	a7—a6
17)	f2—f4	Ld7—b5
18)	Ta1—c1	Ta8—c8
19)	f4—f5	Sg6—e5
20)	Se2—f4	Dd8—d7

(S. Diagramm.)

21)	Lb2—e5:	f6—e5: d)
22)	Sf4—e6	Tf8—f7
23)	Tf1—f3	c5—c4 (?)
24)	Ld3—e2	Lb6—d8

Weiss. Schwarz.

Stellung nach dem 20. Zuge von Schwarz.

Schwarz.

Weiss.

25) Tf3—g3

Schwarz.

Weiss.

	Weiss.	Schwarz.
25)	....	c4—c3e)
26)	Tg3—c3:	Tc8—c3:
27)	Tc1—c3:	Lb5—e2:
28)	Dd2—e2:	b7—b5
29)	Tc3—h3	Sa5—b7
30)	De2—h5	g7—g6 f)
31)	Dh5—h6	Sb7—c5
32)	Th3—f3	g6—f5:
33)	Tf3—g3†	Kg8—h8
34)	Se6—f8	Aufgegeben.

Schwarz.

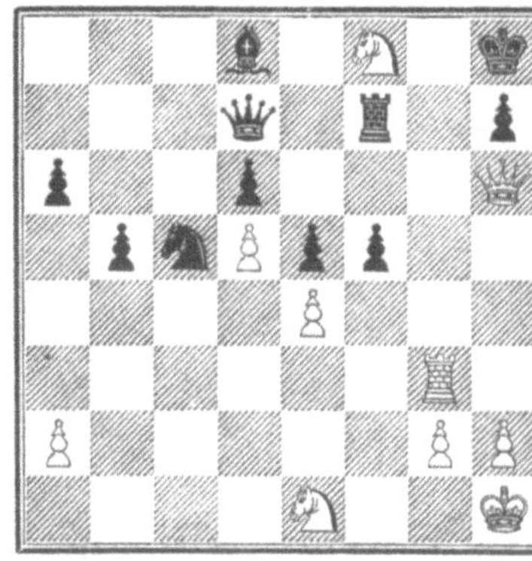

Weiss.

---

a) Anderssen hält dies für die stärkste Fortsetzung des Angriffs. Wir ziehen jedoch im praktischen Spiele 9) Sb1—c3 vor. Denn einerseits verleitet dieser Zug sehr häufig zu verschiedenen schwachen Vertheidigungen, anderseits aber gestattet er dem Weissen nach der richtigen Entgegnung 9) .... Sc6—a5 10) Lc4—d3 Sg8—e7 11) Lc1—b2 0—0 durch 12) d4—d5, also nur mit Umstellung der Züge, dieselbe Position zu erreichen, welche sich in dieser Partie nach dem 12. Zuge des Weissen ergiebt.

b) Dieser von L. Paulsen angegebene Zug lässt den Bauer g7 nur scheinbar einstehen. Wollte ihn Weiss nehmen, so würde die Fortsetzung sein:

Weiss.	Schwarz.	Weiss.	Schwarz.
11) Lb2—g7:	Th8—g8	13) Dd1—a4†	Dd8—d7
12) Lg7—f6	Sa5—c4:	14) Da4—c4:	Tg8—g2‡.

c) Geschieht statt dessen 12) .... f7—f5, so würde Weiss wohl am besten mit 13) Sf3—g5 fortfahren. Man sehe z. B. folgende Variante:

	Weiss.	Schwarz.		Weiss.	Schwarz.
12)	....	f7—f5	17)	Dd1—g4	d5—d4
13)	Sf3—g5	h7—h6	18)	f2—f4	Se7—f5
14)	Sg5—e6	Lc8—e6:	19)	Lb2—a3	Sf5—e3
15)	d5—e6:	f5—e4:	20)	Dg4—g6.	
16)	Sc3—e4:	d6—d5			

d) Auf 21) .... d6—e5: könnte Weiss durch 22) Sf4—e6 Tf8—e8 23) Se6—c5: einen Bauer gewinnen. Indess würde sich Schwarz durch das Opfer des c-Bauern an dieser Stelle weit mehr Erleichterung verschaffen als im 25. Zuge.

e) Um dem Zuge 26) Le2—h5 auszuweichen.

f) Auch gegen 30) .... h7—h6 würde Weiss einen entscheidenden Angriff durchführen, z. B.:

	Weiss.	Schwarz.
31)	Th3—g3	Kg8—h8
32)	Tg3—g6	Ld8—f6
33)	g2—g4	Dd7—e7

Auf 33) . . . . Dd7—c8 gewinnt natürlich 31) Tg6—h6†. 34) Se1—f3 u. s. w.

2.

Spanische Partie.

	G. R. Neumann. Weiss.	A. Anderssen. Schwarz.
1)	e2—e4	e7—e5
2)	Sg1—f3	Sb8—h6
3)	Lf1—b5	Sg8—e7
4)	d2—d4	e5—d4:
5)	0—0(!)	d7—d5 a)
6)	Tf1—e1	Lc8—g4
7)	Lb5—c6†	b7—c6:
8)	Dd1—d4:	Lg4—f3:
9)	g2—f3:	Dd8—d6 b)
10)	e4—d5:	c6—d5:
11)	Sb1—c3	c7—c6
12)	Lc1—f4	Dd6—g6†
13)	Kg1—h1	Dg6—f6
14	Dd4—a4	

Schwarz.

Weiss.

14)	. . . .	Ta8—d8
15)	Ta1—d1	g7—g5 c)
16)	Lf4—e5	Df6—f3†
17)	Kh1—g1	Th8—g8

	Weiss.	Schwarz.
18)	Te1—e3	Df3—f5
19)	Le5—c7	Td8—d7
20)	Da4—c6:	Df5—g4†

Schwarz.

Weiss.

21)	Kg1—h1 d)	Dg4—f3†
22)	Te3—f3:	Se7—c6:
23)	Sc3—d5:	Lf8—e7
24)	Tf3—d3	

Schwarz.

Weiss.

	Weiss.	Schwarz.
24)	. . . .	Ke8—f8
25)	Sd5—e7:	Td7—d3:
26)	Td1—d3:	Kf8—e7:
27)	b2—b4	Tg8—c8
28)	Lc7—d6†	Ke7—e6
29)	Ld6—c5	Sc6—e5
30)	Td1—d6†	Ke5—f5
31)	Td6—a6	Kf5—e4
32)	Ta6—a7:	h7—h5
33)	Kh1—g2	f7—f5
34)	Ta7—e7	Tc8—d8
35)	f2—f3†	Ke4—f4
36)	Lc5—e3†	Kf4—e3:
37)	Te7—e5†	Ke3—f4
38)	Te5—e2	g5—g4
39)	f3—g4:	h5—g4:
40)	a2—a4	Td8—d4

	Weiss.	Schwarz.
41)	c2—c3	Td4—c4
42)	Te2—b2	Kf4—e3
43)	a4—a5	f5—f4
44)	a5—a6	Tc4—c3: e)

Schwarz.

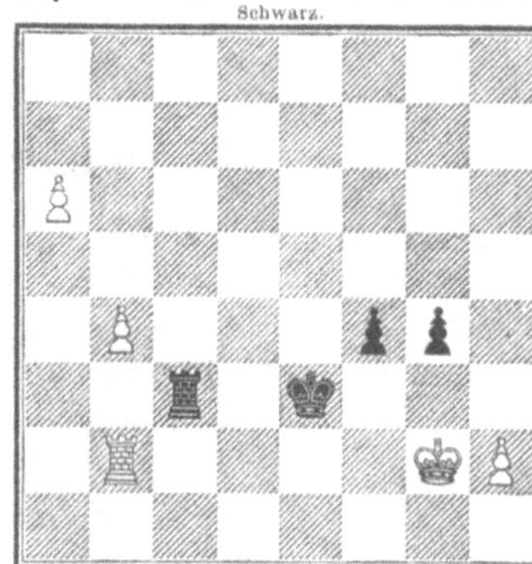

Weiss.

45)	b4—b5	Aufgegeben.

---

a) Uns scheint diese Vertheidigung der spanischen Partie nicht günstig, da sie die Entwickelung des eigenen Spiels keineswegs fördert.

b) Auf 9) . . . . d5—e4: würde Weiss durch 10) Dd4—d8† Ta8—d8: 11) f3—e4: die bessere Bauernstellung behaupten. Auch 10) Dd4—e4: ist gut.

c) Wollte Schwarz durch 15) . . . . d5—d4 den drohenden Zug, Sc3—d5:, zu verhindern suchen, so könnte Weiss auf folgende Weise das Uebergewicht erlangen:

	Weiss.	Schwarz.
15)	. . . .	d5—d4
16)	Sc3—e4	Df6—f4:
17)	Da4—c6†	Td8—d7

Auf 17) . . . . Se7—c6: würde folgen 18) Se4—f6†.

18)	Se4—c5	Df4—c7
19)	Dc6—d7†	Dc7—d7:

	Weiss.	Schwarz.
20)	Sc5—d7:	Ke8—d7:
21)	Td1—d4†	Kd7—c7

Zieht Schwarz den König nach c8, so geschieht zunächst 21) Td4—c4†.

22) Te1—d1 und Schwarz wird den Verlust noch eines Bauern nicht vermeiden können.

d) Weiss kann den Damentausch nicht umgehen; auf 21) Kg1—f1 würde 21) . . . . Dg4—c4† folgen.

e) Zöge nun Weiss 45) a6—a7, so würde er den Sieg aus der Hand geben, da Schwarz nach 45) . . . . Tc3—a3 46) Tb2—b3† Ta3—b3: 47) a7—a8D mit dem Thurme auf b2 und b1 ewiges Schach bieten würde.

3.

Mittelgambit gegen Läufergambit.

	C. Mayet.	A. Anderssen.
	Weiss.	Schwarz.
1)	e2—e4	e7—e5
2)	f2—f4	e5—f4:
3)	Lf1—c4	d7—d5 a)
4)	e4—d5:	Dd8—h4†
5)	Ke1—f1	Lf8—d6
6)	d2—d4	Sg8—e7
7)	Sb1—c3	Lc8—f5
8)	Sg1—f3	Dh4—h5
9)	Sc3—b5	g7—g5
10)	Dd1—e1	Sb8—d7

Schwarz.

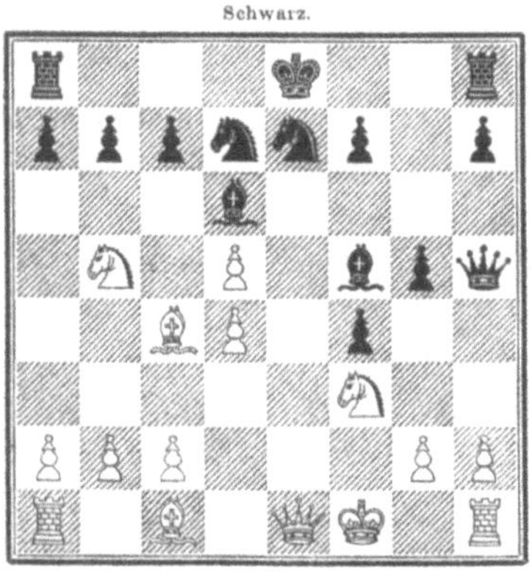

Weiss.

11)	Sb5—d6†	c7—d6:
12)	De1—b4	g5—g4
13)	Sf3—e1	f4—f3

	Weiss.	Schwarz.
14)	Db4—d6: b)	Ta8—c8
15)	Lc4—b3 c)	f3—g2†
16)	Se1—g2:	

Schwarz.

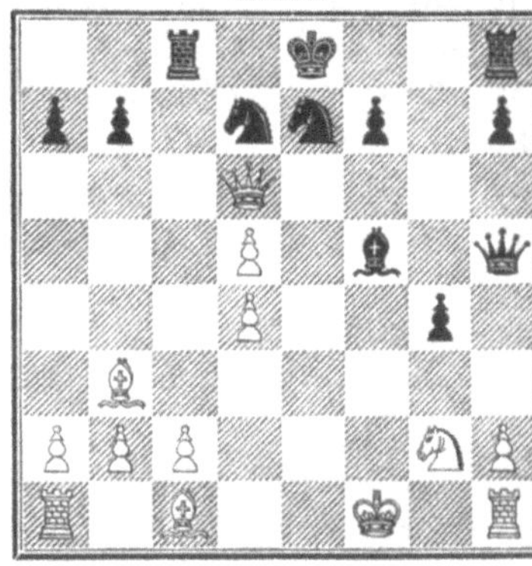

Weiss.

16)	....	g4—g3
17)	Dd6—g3: d)	Th8—g8
18)	Dg3—f2	Tg8—g2:
19)	Df2—g2: e)	Lf5—h3
20)	Dg2—h3:	Dh5—h3†
21)	Kf1—f2	Sd7—f6
22)	Lc1—f4	Sf6—e4†
23)	Kf2—e2	Se7—d5:
24)	Lf4—g3	Dh3—g2†

Weiss giebt die Partie auf.

---

a) Die einzige Art, auf die Anderssen gegenwärtig das Läufergambit vertheidigt.

b) Besser wäre 14) Lc1—f4.

c) Durch 15) Lc4—b5 hätte Weiss den schnellen Untergang von sich abgewendet.

d) Auf 17) Lc1—e3 würde Schwarz durch 17).... Dh5—f3† 18) Kf1—g1 Lf5—e4 19) Dd6—g3: Th8—g8 gewinnen.

e) Nimmt der König, so wird er in 3 Zügen matt.

4.

Evans-Gambit.

	A. Anderssen.	C. Mayet.
	Weiss.	Schwarz.
1)	e2—e4	e7—e5
2)	Sg1—f3	Sb8—c6
3)	Lf1 —c4	Lf8—c5
4)	b2—b4	Lc5—b4:
5)	c2—c3	Lb4—c5
6)	0—0	d7—d6
7)	d2—d4:	e5—d4:
8)	c3—d4:	Lc5—b6
9)	d4—d5	Sc6—b8(?)
10)	Lc1—b2	f7—f6 a)
11)	e4—e5	

Schwarz.

Weiss.

11)	....	d6—e5:
12)	Sf3—e5:	Sg8—e7
13)	Dd1—h5†	g7—g6
14)	Se5—g6:	Se7—g6:
15)	Tf1—e1†	

(S. Diagramm.)

15)	....	Ke8—f7 b)
16)	d5—d6†	Kf7—g7
17)	Te1—e7†	Dd8—e7:
18)	d6—e7:	Th8—e8
19)	Sb1—c3	Te8—e7:

Stellung nach dem 15. Zuge von Weiss.

Schwarz.

Weiss.

	Weiss.	Schwarz.
20)	Sc3—d5	Te7—e5
21)	Lb2—e5:	f6—e5:
22)	Sd5—e7	Sb8—d7
23)	Ta1— d1	Sd7—f6
24)	Se7—f5†	Lc8—f5:
25)	Dh5—f5:	Ta8—f8
26)	g2—g4	Kg7—h8

Schwarz.

Weiss.

27)	Td1—d8	Kh8—g7
28)	g4—g5	Sf6—e8
29)	Td8—e8:	Aufgegeben.

a) Hierauf bekommt Weiss einen lebhaften Angriff. Besser ist Sg8—f6.

b) Geht der König nach f8, so entscheidet 16) Dh5—h6† Kf8—f7 17) d5—d6†; weicht er aber nach der Damenseite aus, so wird er auf folgende Weise matt.

	Weiss.	Schwarz.		Weiss.	Schwarz.
15)	....	Ke8—d7	22)	Sd2—b3†	Ka5—a4
16)	Dh5—f5†	Kd7—d6	23)	De2—c4†	Ka4—a3:
17)	Te1—e6†	Lc8—e6:	24)	Sb3—d2	
18)	Df5—e6†	Kd6—c5		oder:	
19)	Lb2—a3†	Kc5—c4:	20)	....	Kc4—c3:
20)	Sb1—d2†	Kc4—b5	21)	Ta1—c1†	Kc3—d2:
21)	De6—e2†	Kb5—a5	22)	De6—e4.	

5.

Spanische Partie.

	C. Mayet. Weiss.	A. Anderssen. Schwarz.
1)	e2—e4	e7—e5
2)	Sg1—f3	Sb8—c6
3)	Lf1—b5	Sg8—f6
4)	d2—d3	Lf8—c5
5)	c2—c3	0—0 a)
6)	Lb5—c6:	b7—c6:
7)	Sf3—e5	d7—d5
8)	Se5—c6:	Dd8—e8
9)	Sc6—d4	d5—e4:
10)	Lc1—e3	Lc8—a6

Schwarz.

Weiss.

	Weiss.	Schwarz.
11)	d3—e4:	Sf6—e4:
12)	Sb1—d2	Ta8—b8
13)	Dd1—c2	f7—f5
14)	0—0—0	Se4—d2:
15)	Le3—d2:	De8—f7
16)	Kc1—b1	La6—c4
17)	b2—b4	a7—a5
18)	Sd4—c6	

Schwarz.

Weiss.

18)	....	a5—b4:
19)	Sc6—b8:	b4—b3 b)

20)	a2—b3:	Lc4—b3:
21)	Dc2—b2	Tf8—b8:
22)	Kb1—c1	Tb8—a8

(S. Diagramm.)

23)	Ld2—g5 c)	Ta8—a2
24)	Td1—d8†	Lc5—f8
25)	Lg5—e7	Ta2—b2:
26)	Le7—f8:	Tb2—c2†
27)	Kc1—b1	h7—h6

Weiss giebt die Partie auf.

---

a) Besser als Dd6—e7. „Spielt Weiss nun auf Eroberung des Bauern, so erlangt Schwarz einen zu seiner Entschädigung genügenden Angriff."

b) Eine feine Combination, durch die Schwarz den geopferten Bauer wiedergewinnt.

c) Auf diesen Zug ist Weiss verloren. Durch 23) Ld2—e3 hätte er vielleicht Remis erzielt.

6.

Evans-Gambit.

	A. Anderssen. Weiss.	C. Mayet. Schwarz.
1)	e2—e4	e7—e5
2)	Sg1—f3	Sb8—c6
3)	Lf1—c4	Lf8—c5
4)	b2—b4	Lc5—b4:
5)	c2—c3	Lb4—c5
6)	0—0	d7—d6
7)	d2—d4	e5—d4:
8)	c3—d4:	Lc5—b6
9)	d4—d5	Sc6—b8(?)
10)	Lc1—b2	Sg8—f6
11)	Sb1—c3 a)	Lc8—g4
12)	Lc4—d3	Sb8—d7
13)	Sc3—e2	0—0
14)	Dd1—d2	Tf8—e8
15)	Dd2—f4	Lg4—f3:
16)	g2—f3:	Sd7—e5 b)

17)	Ta1—d1	Sf6—h5
18)	Df4—f5	Dd8—h4
19)	Kg1—h1	g7—g6 c)
20)	Tf1—g1	Lb6—f2:
21)	Tg1—g4	Se5—g4:

	Weiss.	Schwarz.
22)	Df5—g4:	c7—c5
23)	Dg4—g2	a7—a6
24)	Lb2—c1	f7—f6
25)	f3—f4	b7—b5
26)	Td1—f1	

Schwarz.

Weiss.

26)	....	c5—c4(!)
27)	Ld3—c2	Lf2—c5
28)	Lc1—d2	Sh5—g7(!)
29)	Tf1—f3	Te8—e7
30)	Ld2—c3	Ta8—f8
31)	a2—a3	Te7—a7
32)	Se2—d4	Lc5—d4:
33)	Lc3—d4:	Ta7—e7

	Weiss.	Schwarz.
34)	Ld4—f2	Dh4—h6
35)	Lf2—e3	Sg7—h5

Schwarz.

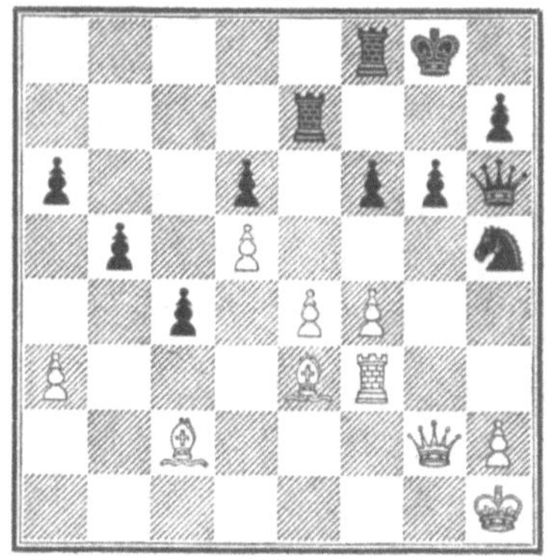

Weiss.

	Weiss.	Schwarz.
36)	e4—e5 d)	f6—e5:
37)	f4—e5:	Sh5—f4
38)	Dg2—d2	d6—e5:
39)	Le3—c5	Te7—f7
40)	Lc5—f8:	Dh6—f8:
41)	Tf3—g3	Df8—d6
42)	Lc2—e4	Kg8—g7
43)	h2—h4	Sf4—h5

Weiss giebt die Partie auf.

---

a) Auf 10) .... Sg8—f6 haben wir gegen Mayet die Fortsetzung 11) e4—e5 d6—e5: 12) Lb2—a3 mit Erfolg angewandt.

b) Schwarz behandelt diese Partie, abgesehen von seinem untheoretischen und gewiss nicht empfehlenswerthen 9. Zuge, mit besonderer Geschicklichkeit. Namentlich weiss er trefflich den Angriff der beiden weissen Läufer auf seinen Königsflügel abzuhalten, ohne dafür irgend welche andere Vortheile dem Gegner einzuräumen.

c) Weiss kann nun seine Dame nur mit Verlust von zwei Bauern oder Bauer und Qualität retten.

d) Dieser Durchbruch ist für Weiss keineswegs günstig. Er bekommt allerdings bei der von Schwarz gewählten Spielart die Qualität für einen Bauer, muss jedoch nun sehr bald der nummerischen Uebermacht des Gegners erliegen.

7.

Mittelgambit gegen Läufergambit.

	W. Schulten.	A. Anderssen.
	Weiss.	Schwarz.
1)	e2—e4	e7—e5
2)	f2—f4	e5—f4:
3)	Lf1—c4	d7—d5
4)	e4—d5:	Dd8—h4†
5)	Ke1—f1	Lf8—d6
6)	Lc4—b3	Sg8—e7
7)	c2—c4	0—0
8)	d2—d4	b7—b6
9)	Sb1—c3	Lc8—a6

Schwarz.

Weiss.

10)	Sg1—f3	Dh4—h5
11)	Sc3—e2 a)	Se7—g6
12)	Lc1—d2	Sb8—d7

	Weiss.	Schwarz.
13)	Dd1—c1	Sd7—f6
14)	Kf1—g1 b)	Sf6—d5:
15)	Se2—g3	f4—g3:
16)	h2—g3:	Dh5—g4
17)	c4—d5:	Ld6—g3:
18)	Dc1—c3	Ta8—e8
19)	Sf3—g5 c)	

Schwarz.

Weiss.

19)	. . . .	Lg3—f2†
20)	Kg1—h2	Te8—e3
21)	Dc3—e3:	Lf2—e3:
22)	Ld2—e3:	Sg6—f4

Weiss giebt die Partie auf.

---

a) Besser wäre 11) Kf1—f2 und dann Sc3—e4, um den Läufer d6 abzutauschen.

b) Durch diesen Fehlzug kommt Weiss in entscheidenden Nachtheil. Er hätte statt dessen den Bauer f4 nehmen sollen.

c) Durch 19) Lb3—c4 hätte sich Weiss noch einige Zeit gehalten.

8.

Evans-Gambit.

A. Anderssen. — **G. R. Neumann.**

	Weiss.	Schwarz.
1)	e2—e4	e7—e5
2)	Sg1—f3	Sb8—c6
3)	Lf1—c4	Lf8—c5
4)	b2—b4	Lc5—b4:
5)	c2—c3	Lb4—c5
6)	0—0	d7—d6
7)	d2—d4	e5—d4:
8)	c3—d4:	Lc5—b6
9)	d4—d5	Sc6—a5
10)	Lc1—b2	Sg8—e7
11)	Lc4—d3	0—0
12)	Sb1—c3	Se7—g6
13)	Dd1—d2	c7—c5
14)	Sc3—e2	Lc8—d7
15)	Se2—g3 a)	

Schwarz.

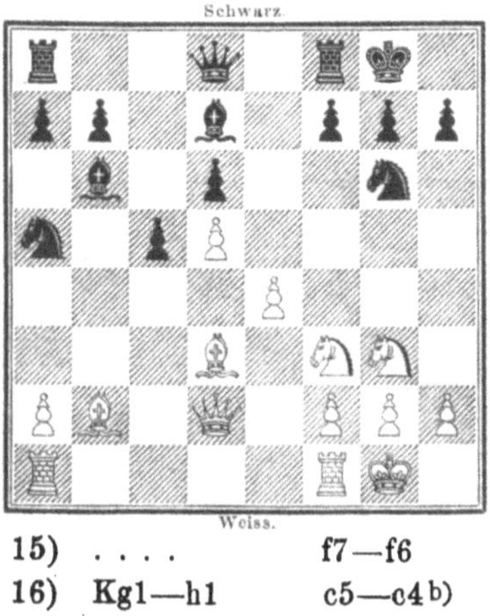

Weiss.

15)	. . . .	f7—f6
16)	Kg1—h1	c5—c4 b)
17)	Ld3—e2	Lb6—c7
18)	Sf3—d4	b7—b5
19)	f2—f4	Sa5—b7
20)	Sd4—e6	Ld7—e6:

	Weiss.	Schwarz.
21)	d5—e6:	Sb7—c5
22)	Dd2—d5	Dd8—e7 c)
23)	Le2—g4	Kg8—h8
24)	Dd5—h5	Sc5—d3
25)	Lg4—f5	

Schwarz.

Weiss.

25)	. . . .	De7—e8
26)	Lb2—d4	Lc7—b6 d)
27)	e6—e7	Tf8—g8
28)	Sg3—e2	De8—f7
29)	Tf1—f3	Aufgegeben.

Schwarz.

Weiss.

---

a) Es droht nun:

	Weiss.	Schwarz.
16)	Lb2—g7:	Kg8—g7:
17)	Sg3—h5†	Kg7—h8
18)	Dd2—h6	Tf8—g8
19)	Sf3—g5.	

b) Das Vorrücken dieses Bauern ist verfrüht.

c) Besser wäre sofort Kg8—h8.

d) Durch diesen Zug geht die Partie sehr schnell für Schwarz verloren. Er musste den Läufer nach d8 ziehen.

9.

Evans-Gambit.

	G. R. Neumann. Weiss.	A. Anderssen. Schwarz.
1)	e2—e4	e7—e5
2)	Sg1—f3	Sb8—c6
3)	Lf1—c4	Lf8—c5
4)	b2—b4	Lc5—b4:
5)	c2—c3	Lb4—c5
6)	0—0	d7—d6
7)	d2—d4	e5—d4:
8)	c3—d4:	Lc5—b6
9)	Sb1—c3	Sc6—a5 (!)
10)	Lc4—d3	Sg8—e7
11)	e4—e5 (?)	

Schwarz.

Weiss.

	Weiss.	Schwarz.
11)	. . . .	d6—d5
12)	Lc1—a3	Lc8—e6
13)	Sc3—a4	0—0 a)
14)	Sf3—g5	h7—h6
15)	Sg5—e6:	f7—e6:
16)	Dd1—g4	Dd8—d7
17)	Sa4—b6:	a7—b6:
18)	La3—e7:	Dd7—e7:
19)	Dg4—g6	

Schwarz.

Weiss.

und Weiss gewinnt. b)

---

a) Die Rochade ist verfrüht. h7—h6 musste ihr vorangehen.

b) Man erwäge die Fortsetzung:

	Weiss.	Schwarz.
19)	. . . .	Tf8—c8
20)	Dg6—h7†	Kg8—f8
21)	Ld3—g6	De7—b4
22)	Dh7—h8†	Kf8—e7
23)	Dh8—g7‡	Ke7—d8
24)	f2—f4	u. s. w.

oder:

	Weiss.	Schwarz.
19)	. . . .	De7—g5
20)	Dg6—h7†	Kg8—f7
21)	f2—f4	Dg5—h5
22)	f4—f5.	

10.

Evans-Gambit.

	G. R. Neumann. Weiss.	A. Anderssen. Schwarz.
1)	e2—e4	e7—e5
2)	Sg1—f3	Sb8—c6
3)	Lf1—c4	Lf8—c5
4)	b2—b4	Lc5—b4:
5)	c2—c3	Lb4—c5
6)	0—0	d7—d6
7)	d2—d4	e5—d4:
8)	c3—d4:	Lc5—b6
9)	Sb1—c3	Sc6—a5
10)	Lc4—d3	Sg8—e7
11)	e4—e5(?)	d6—e5:
12)	d4—e5:	

Schwarz.

Weiss.

12)	. . . .	Lc8—e6 a)
13)	Dd1—c2	Dd8—d7
14)	Ld3—b5 b)	c7—c6

	Weiss.	Schwarz.
15)	Tf1—d1	Se7—d5
16)	Sc3—d5:	Le6—d5:
17)	Lb5—d3	Ld5—f3:
18)	g2—f3:	Dd7—e7
19)	Ld3—f5	Ta8—d8
20)	Td1—d8‡	Dd7—d8:
21)	Lc1—a3	Dd8—g5†

Schwarz.

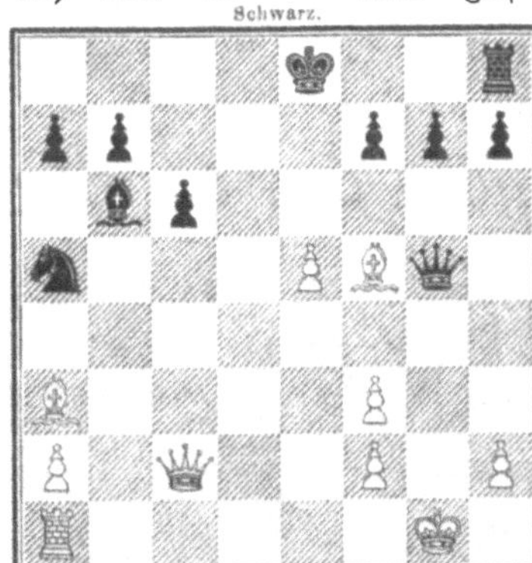

Weiss.

22)	Kg1—h1	Dg5—f4 e)
23)	Kh1—g2	Sa5—c4
24)	Dc2—d3	Df4—g5† d)
25)	Kg2—f1	Sc4—a3:
26)	Lf5—d7†	Kg8—f8(!)
27)	Dd3—a3†	Dg5—e7
28)	Da3—d6	

(S. Diagramm)

28)	. . . .	g7—g6

Schwarz.

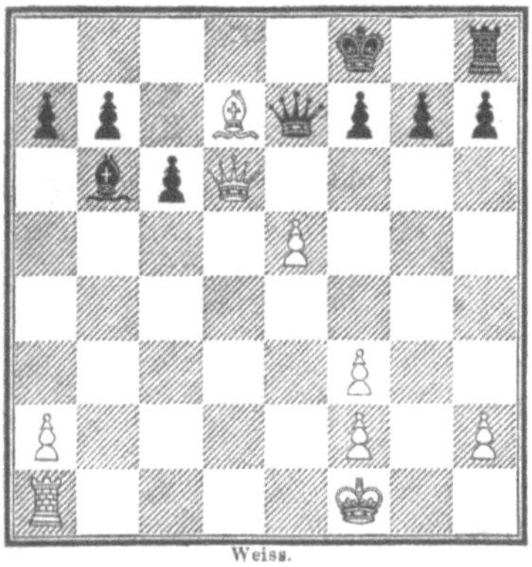

Weiss.

29) Ld7—c8 Lb6—c7

	Weiss.	Schwarz.
30)	Dd6—e7†	Kf8—e7:
31)	Lc8—b7:	Lc7—e5:
32)	Ta1—e1	Ke7—d6
33)	Lb7—c6:	Le5—h2:
34)	Lc6—a4	h7—h5
35)	La4—b3	Th8—h7
36)	Te1—e4	g6—g5
37)	Te4—a4	f7—f6
38)	Ta4—a6†	Kd6—e5
39)	Ta6—e6†	Ke5—f5
40)	Lb3—c2†	Kf5—e6:
41)	Lc2—h7:	

Die Partie wurde remis. e)

---

a) **Stärker ist der Zug 12) . . . . Lc8—f5.** Indess hat derselbe noch noch seine Klippen. Eine Correspondenzpartie zwischen Herrn Ingenieur G. Ramm, Vorsitzender des Schachclubs zu Dirschau und E. Schallopp, nahm folgenden Verlauf:

	Weiss.	Schwarz.
12)	. . . .	Lc8—f5
13)	Dd1—a4†	Dd8—d7
14)	Ld3—b5	c7—c6
15)	Tf1—d1	c6—b5:
16)	Sc3—b5:	Dd7—c6
17)	Sb5—d6†	Ke8—f8
18)	Da4—f4	Lf5—g6
19)	Sf3—h4	Lg6—h5

Schwarz.

Weiss.

In dieser Position hättte 20) Lc1—a3, wie der Führer der weissen Partei bemerkt, zu einer Entscheidung zu Gunsten von Weiss geführt:

	Weiss.	Schwarz.
20)	Lc1—a3	Lb6—c5
21)	La3—c5:	

Auf 21) Ta1—c1 würde Schwarz durch 21) . . . . Lc5—a3: 22) Tc1—c6: Sa5—c6: 23) g2—g4 La3—d6: 24) e5—d6: Se7—g6 das bessere Spiel erhalten.

21)	. . . .	Dc6—c5:
22)	Ta1—c1	Dc5—b6
23)	g2—g4	g7—g5
24)	Df4—g5:	Lh5—g6
25)	Dg5—f6.	

Es ist aus diesem Grunde der 13. Zug von Schwarz zu verwerfen.

b) Weiss ist bemüht, die Rochade des Schwarzen nach der Damenseite zu hintertreiben.

c) Durch diesen Zug verliert Weiss ein Tempo. Besser wäre 22) Kg1—f1.

d) Dieser Zug ist nothwendig, da sonst Weiss auf 24) . . . . Sc5—a3: durch 25) Lf5—d7† Ke8—e7 26) Dd3—d6† Ke7—d8 27) Ld7—c6† matt setzen würde.

e) Nach dem Abtausch der Thürme ist wegen der ungleichen Läufer kein anderes Resultat zu erwarten. Zwar bleiben die meisten Partieen auch dann noch unentschieden, wenn die Spieler ausser ungleichen Läufern und einigen Bauern noch jederseits einen Thurm besitzen, indess führt doch bisweilen das Opfer des Thurmes gegen den Läufer des Gegners zum Gewinn. Man vergleiche z. B. eine zwischen Kipping und Horwitz auf dem Turnier des Schachclubs zu Manchester gespielte Partie, die nach der hier aufgezeichneten Position folgenden Schluss ergab:

Schwarz.

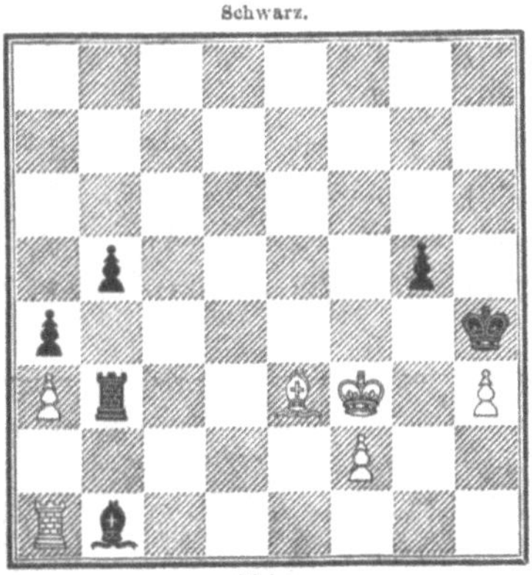

Weiss.

	Weiss.	Schwarz.
1)	Kf3—g2	Lb1—f5
2)	Kg2—f3	Lf5—h3:
3)	Kf3—e4	Lh3—g2†
4)	Ke4—f5	g5—g4
5)	Kf5—f4	Kh4—h3
6)	Kf4—f5	Lg2—f3
7)	Kf5—f4	Kh3—g2
8)	Kf4—e5	Tb3—b2
9)	Le3—d4	Tb2—f2:
10)	Ld4—f2:	Kg2—f2:
11)	Ke5—d4	g4—g3
12)	Kd4—c5	Lf3—e2

und Weiss gewinnt.

11.

Läuferspiel.

	A. Anderssen. Weiss.	G. R. Neumann. Schwarz.
1)	e2—e4	e7—e5
2)	Lf1—c4	Lf8—c5
3)	d2—d4(?)	Lc5—d4:(!)
4)	Sg1—f3	Sb8—c6
5)	Sb1—c3	Ld4—c3†
6)	b2—c3:	h7—h6
7)	Lc4—d5	d7—d6
8)	0—0	Sg8—e7
9)	Sf3—d2	
	(S. Diagramm.)	
9)	. . . .	g7—g5 a)
10)	Dd1—h5	Se7—d5:
11)	e4—d5:	Sc6—e7
12)	Sd2—e4	Se7—g6(!)
13)	g2—g3 b)	Lc8—f5

Stellung nach dem 9. Zuge von Weiss.

Schwarz.

Weiss.

	Weiss.	Schwarz.
14)	f2—f3	Ke8—f8
15)	Ta1—b1	Ta8—b8
16)	a2—a4	Kf8—g7
17)	Tb1—b4	Dd8—d7
18)	a4—a5	f7—f6
19)	Tb4—c4	Sg6—e7
20)	f3—f4	

Schwarz.

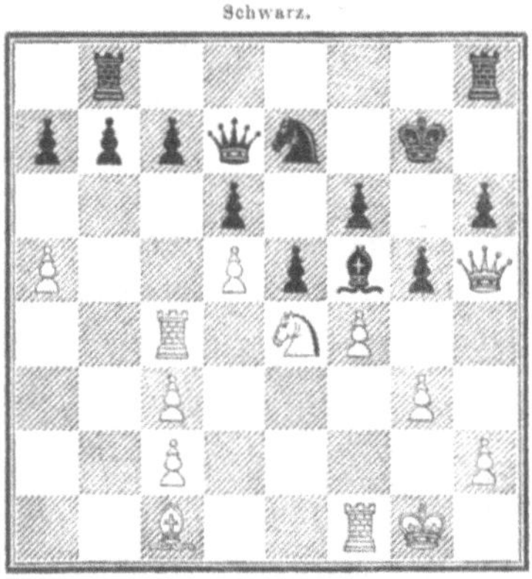

Weiss.

20) . . . . e5—f4: c)

	Weiss.	Schwarz.
21)	g3—f4;	Tb8—f8
22)	f4—g5:	h6—g5:
23)	Dh5—f3	Th8—h3
24)	Df3—g2	Lf5—e4:
25)	Tc4—e4:	Th3—h6
26)	h2—h4	Tf8—h8
27)	Te4—e6	Th6—h4:
28)	Lc1—g5:	Th4—h1†
29)	Kg1—f2	Th1—f1‡ d)
30)	Kf2—f1:	f6—g5:
31)	Dg2—g5‡	Kg7—f8
32)	Dg5—f6†	Kf8—g8
33)	Te6—e7: e)	Dd7—h3†
34)	Kf1—f2	Dh3—h2†
35)	Kf2—e1	Dh2—h1†
36)	Ke1—e2	Th8—h2†
37)	Ke2—e3	Dh1—e1†
38)	Ke3—d3	Th2—h3†
39)	Kd3—c4	Th3—h4†
40)	Kc4—b3	De1—b1†

Schwarz.

Weiss.

Als remis abgebrochen. f)

---

a) Am sichersten wäre für Schwarz folgende Spielart gewesen:

	Weiss.	Schwarz.		Weiss.	Schwarz.
9)	. . . .	Se7—d5:	13)	Dd1—h5	0—0
10)	e4—d5:	Sc6—e7		aber nicht	
11)	f2—f4	Se7—d5:	13)	. . . .	Dd8—e7
12)	f4—e5:	d6—e5:	14)	Lc1—a3	De7—a3:

Weiss.	Schwarz.	Weiss.	Schwarz.
	Auf 14)	17) Dd5—d6‡	c7—d6:
c7—c5 folgt 15) Ta1—e1.		18) Tf1—f7	g7—g5
15) Dh5—f7‡	Ke8—d8	19) Sd2—e4.	
16) Df7—d5‡	Da3—d6		

b) Um f2—f4 vorzubereiten.

c) Durch den Läuterzug nach g4 würde Schwarz keineswegs die Dame erobern. Man prüfe folgende Varianten:

Weiss.	Schwarz.	Weiss.	Schwarz.
20)	Lf5—g4	22) Sf6—d7:	Tb8—c8
21) Se4—f6:	Kg7—f6:	23) f4—g5:	Se7—d5: (!)
22) f4—g5††	Kf6—g7	24) g5—h6‡ und Weiss hat drei	
23) Dh5—f7‡		Freibauern auf der Königsseite.	
oder:			
21)	Lg4—h5:		

d) Th1—h2 darf wegen 30) Lg5—h6†† nicht geschehen.

e) Weiss hätte besser gethan, durch ewiges Schach die Partie remis zu halten, da er sie nun verlieren müsste.

f) Herr Dr. H. Waldæstel hat durch folgende Analyse nachgewiesen, dass Weiss auch bei dem correctesten Spiele des Gegners den Sieg erzwingen musste.

Weiss.	Schwarz.	Weiss.	Schwarz.
41) Ka3—b3	Db1—a1†	47) Te7—e3 b)	Th1—h2†
42) Kb3—a3	Da1—a4†	48) Kd2—d3 c)	Dg5—b5†
43) Kb3—b2	Da4—b5†	49) c3—c4 d)	Db5—f5†
44) Kb2—c1	Th4—h1†	50) Dd4—e4 e)	Df5—e4‡
45) Kc1—d2	Db5—d5†	51) Te3—e4:	Kg8—f7
46) Df6—d4 a)	Dd5—g5†	und Schwarz muss gewinnen.	

---

a) Auf 46) Kd2—e2 oder e3 verliert Weiss entweder die Dame durch den Thurm oder wird matt, wie folgt:

Weiss.	Schwarz.	Weiss.	Schwarz.
46) Kd2—e2	Dd5—d1†	47) Ke3—f2 (!)	Dd5—d2†
47) Ke2—e3	Th1—e1†	48) Kf2—g3 (!)	Te1—g1†
48) Ke3—f4	Te1—f1†	49) Kg3—h3 (!)	Dd2—g2†
oder:		50) Kh3—h4	Dg2—g4‡.
46) Kd2—e3	Th1—e1†		

b) Auf 47) Dd4—e3 folgt 47) . . . . Dg5—e3‡ 48) Te7—e3 Kg8—f7 und Schwarz muss gewinnen.

Auf 47) Kd2—d3 folgt 47) . . . . Th1—d1‡ und auf 47) Kd2—e2 47) . . . . Dg5—e7† u. s. w.

c) Zieht Weiss 48) Kd2—c1, so folgt 48) . . . . h2—h3 nebst Abtausch der Thürme und Damen.

Auf 48) Kd2—d1 folgt 48) . . . . Dg5—g1† 49) Te3—e1 Dg1—d4‡ 50) c3—d4: Kg8—f7 welches noch die vortheihafteste Position für Weiss bietet, aber doch zum Gewinn für Schwarz führen muss.

d) Auf 49) Dd4—c4 folgt 49) . . . . Th2—d2† und auf 49) Kd3—e4 49) . . . . Th3—h4†.

e) Zieht Weiss 50) Te3—e4, so erfolgt durch 50) . . . . Df5—f3† 51) . . . . Df3—d1† 52) . . . . Dd1—c2‡ baldiges Matt oder Verlust der Dame.

Auf 50) Kd3—c3 folgt 50) . . . . Df5—c2‡ 51) Kc3—b4 c7—c5†.

12.

Läuferspiel.

	A. Anderssen. Weiss.	G. R. Neumann. Schwarz.
1)	e2—e4	e7—e5
2)	Lf1—c4	Sg8—f6 a)
3)	Dd1—e2	Sb8—c6
4)	c2—c3	Lf8—c5
5)	f2—f4	d7—d6 b)
6)	Lc4—b3	0—0
7)	Sg1—f3	e5—f4:
8)	d2—d4	Tf8—e8
9)	Sb1—d2	Lc5—b6
10)	0—0	Lc8—g4
11)	Kg1—h1	

Schwarz.

Weiss.

11)	. . . .	Sf6—e4:
12)	Lb3—f7‡ c)	Kg8—f7:

	Weiss.	Schwarz.
13)	Sd2—e4:	Kf7—g8(!)
14)	De2—c2	Lg4—f3:
15)	g2—f3:(!)	d6—d5
16)	Se4—f2	Te8—f8
17)	Tf1—g1	Sc6—e7
18)	Sf2—h3	Se7—g6
19)	Sh3—g5 d)	

Schwarz.

Weiss.

19)	. . . .	Dd8—d6
20)	a2—a4	c7—c6
21)	b2—b3	Dd6—f6
22)	Lc1—a3	Df6—f5
23)	Dc2—d2 e)	Tf8—f6
24)	Dd2—g2	h7—h6
25)	Sg5—h3	Kg8—h7

	Weiss.	Schwarz.		Weiss.	Schwarz.
26)	Ta1—e1	Ta8—g8	34)	Te2—e7	Tf7—e7:
27)	La3—e7	Tf6—f7	35)	Te1—e7:	Dc3—d4:
28)	Le7—d6	Lb6—c7	36)	Df1—h3	Dd4—f6
29)	Ld6—c7:	Tf7—c7:	37)	Te7—b7:	Tg8—e8
30)	Te1—e2	Tc7—f7	38)	Tb7—a7:	Te8—e1
31)	Tg1—e1	Sg6—h4	39)	Dh3—g4	Df6—g5

Schwarz.

Weiss.

Schwarz.

Weiss.

32)	Dg2—f1	Df5—d3
33)	Sh3—g1	Dd3—c3:

Weiss giebt die Partie auf. f)

---

a) Ob dieser Zug sicherer als 2) . . . . Lf8—c5 sei, ist wenigstens wegen der Fortsetzung 3) Sg1—f3 fraglich. Wir glauben nämlich dass bei der Spielart:

	Weiss.	Schwarz.		Weiss.	Schwarz.
1)	e2—e4	e7—e5	5)	0—0	Se4—c3:
2)	Lf1—c4	Sg8—f6	6)	d2—c3:	Dd8—e7
3)	Sg1—f3	Sf6—e4:	7)	Tf1—e1	d7—d6
4)	Sb1—c3	Sb8—c6 (!)	8)	Sf3—d4 (!)	

Weiss für den geopferten Bauer einen vortrefflichen Angriff erlangen wird.

b) Offenbar nachtheilig wäre 5) . . . . e5—f4: wegen 6) d2—d4.

c) Nothwendig, da bei 12) Sd2—e4: Schwarz durch 12) d6—d5 in entscheidenden Vortheil käme.

d) Weiss beabsichtigt den Springer auf h7 zu opfern.

e) Ein verlorenes Tempo!

f) Weiss kann den Verlust des Springers g1 durch Sh4—f3: nicht vermeiden.

13.

Evans-Gambit.

G. R. Neumann. Weiss.	A. Anderssen. Schwarz.
1) e2—e4	e7—e5
2) Sg1—f3	Sb8—c6
3) Lf1—c4	Lf8—c5
4) b2—b4	Lc5—b4:
5) c2—c3	Lb4—c5
6) 0—0	d7—d6
7) d2—d4	e5—d4:
8) c3—d4:	Lc5—b6
9) Lc1—b2 a)	

Schwarz.

Weiss.

9)	Sc6—a5
10) Lc4—d3	Sg8—e7
11) Sb1—c3	0—0
12) d4—d5 b)	Se7—g6
13) Sc3—e2	c7—c5
14) Ta1—c1	Lc8—d7
15) Se2—g3	f7—f6
16) Dd1—d2	Ta8—c8
17) h2—h4	c5—c4
(S. Diagramm)	
18) Ld3—b1 c)	Sg6—e5
19) Sf3—d4	a7—a6

Stellung nach dem 17. Zuge von Schwarz.

Schwarz.

Weiss.

Weiss.	Schwarz.
20) f2—f4 d)	c4—c3
21) Lb2—c3:	Sa5—c4
22) Dd2—c1	Se5—g4
23) f4—f5	Sc4—e5
24) Kg1—h1	Lb6—d4:
25) Lc3—d4:	Ld7—b5
26) Tf1—f4	Dd8—d7
27) Tc1—d1	g7—g5

Schwarz.

Weiss.

Weiss giebt die Partie auf e).

---

a) Dieser Zug wird von Manchen als die stärkste Fortsetzung des Angriffs empfohlen; wir sehen jedoch nicht, wie die drei folgenden Züge von

Weiss durch bessere ersetzt werden können und warum deshalb 9) Lc1—b2 aus theoretischen Gründen Vorzug vor 9) d4—d5 verdient, da beide Züge bei richtigem Spiele zu derselben Position führen.

b) Auf 12) Sc3—e2 zieht Schwarz am besten 12) d6—d5.

c) Der Läufer ginge weit besser nach e2.

d) Weiss lässt von seinem Plane, den h-Bauer gegen die feindliche Rochadestellung vorzurücken, mit Unrecht ab; es wäre jedenfalls besser als der Zug f2—f4, wodurch er den schwarzen Springern gestattet, in sein Lager einzudringen.

e) Weiss hätte wohl noch die Fortsetznng: 28) h4—g5: f6—g5: 29) Ld4—e5: g5—f4: 30) Le5—f4: oder 28) f5—g6: Se5—g6: 29) Tf4—f5 Sg6—h4: 30) Tf5—h5 versuchen können.

14.

Muzio-Gambit.

	G. R. Neumann. Weiss.	A. Anderssen. Schwarz.
1)	e2—e4	e7—e5
2)	f2—f4	e5—f4:
3)	Sg1—f3	g7—g5
4)	Lf1—c4	g5—g4
5)	0—0	g4—f3:
6)	Dd1—f3:	Dd8—e7
7)	Df3—f4:	Sg8—h6 a)
8)	Sb1—c3	Lf8—g7
9)	e4—e5	

Schwarz.

Weiss.

9)	....	b7—b5 b)

	Weiss.	Schwarz.
10)	Sc3—b5:	Sb8—a6
11)	d2—d4	Lc8—b7
12)	Sb5—d6†	c7—d6:
13)	e5—d6:	

Schwarz.

Weiss.

13)	....	De7—e4 c)
14)	Lc4—f7†	Ke8—d8 d)
15)	Df4—g5†	Kd8—c8
16)	Dg5—g7:	Sh6—f7:
17)	Tf1—f7:	Th8—d8
18)	Lc1—d2	

Schwarz.

Weiss.

	Weiss.	Schwarz.
18)	. . . .	Lb7—c6
19)	Ld2—a5	Kc8—b7
20)	La5—d8:	Ta8—d8:
21)	c2—c4	Sa6—b4e)
22)	d4—d5	Lc6—a4
23)	b2—b3	Td8—g8
24)	Dg7—g8:	De4—d4†
25)	Tf7—f2	Dd4—a1‡
26)	Tf2—f1	Da1—d4†
27)	Kg1—h1	Sb4—d3
28)	Dg8—f7	Aufgegeben.

---

a) Die richtige Vertheidigung ist 7) . . . . Sb8—c6.

b) Auf 9) . . . . De7—e5: folgt 10) Df4—e5‡ Lg7—e5: 11) Tf1—e1 und auf 10) . . . . Lg7—e5: 11) Df4—h6: De7—c5† 12) Dh6—e3.

c) Auf 13) . . . . De7—d8 geschieht 14) Lc4—f7‡ Ke8—f8 15) Df4—h6: und auf 13) . . . . De7—f8 14) Tf1—e1† Ke8—d8 15) Lc4—a6: Lb7—a6: 16) Df4—g5† Kd8—c8 17) Dg5—a5.

d) Geht der König nach f8, so folgt 15) Lf7—d5†.

e) Der letzte Versuch!

15.

Spanische Partie.

	G. R. Neumann. Weiss.	A. Anderssen. Schwarz.
1)	e2—e4	e7—e5
2)	Sg1—f3	Sb8—c6
3)	Lf1—b5	Sg8—f6
4)	0—0	Sf6—e4:
5)	d2—d4	Lf8—e7
6)	Dd1—e2	Se4—d6
7)	Lb5—c6:	
	(S. Diagramm).	
7)	. . . .	b7—c6: a)
8)	d4—e5:	Sd6—b7
9)	Lc1—e3	0—0
10)	Tf1—d1	Dd8—e8
11)	Sb1—c3	Sb7—d8
12)	Sf3—d4	f7—f5

Stellung nach dem 7. Zuge von Weiss.

Schwarz.

Weiss.

	Weiss.	Schwarz.
13)	f2—f4	c6—c5 b)
14)	Sd4—b5	Sd8—e6

	Weiss.	Schwarz.
15)	Sc3—d5	Le7—d8
16)	c2—c4	a7—a6
17)	Sb5—a3	Lc8—b7
18)	De2—f2	

Schwarz.

Weiss.

18)	. . . .	Ta8—b8 c)
19)	Td1—d2	Lb7—a8
20)	Ta1—d1 d)	De8—h5
21)	Kg1—h1(?)	Tb8—b2:
22)	Le3—c5:	Tb2—a2:
23)	Sa3—b1	d7—d6 e)
24)	e5—d6:	La8—d5: f)
25)	c4—d5:	Se6—c5:
26)	Df2—c5:	c7—d6:
27)	Dc5—d6:	Ld8—a5
28)	Td2—d3	Dh5—g4
29)	Td1—g1	Ta2—b2
30)	Dd6—e6†	Kg8—h8
31)	Td3—g3	Dg4—h4 g)
32)	De6—e5	Tb2—b7
33)	d5—d6	La5—b6
34)	Tg1—f1 h)	Tb7—f7

(S. Diagramm).

35)	Tg3—f3 i)	Dh4—d8
36)	Tf1—e1	Tf7—f6
37)	Tf3—d3	Lb6—c7
38)	Te1—d1	Lc7—b8
39)	De5—c5	Dd8—d7
40)	Dc5—b6	Dd7—a4

Stellung nach dem 34. Zuge von Schwarz.

Schwarz.

Weiss.

	Weiss.	Schwarz.
41)	Sb1—c3 k)	Da4—f4:
42)	Db6—a6:	Df4—g4
43)	Sc3—b5	f5—f4
44)	Da6—b7	Tf6—g6
45)	d6—d7 l)	

Schwarz.

Weiss.

45)	. . . .	Tf8—d8
46)	Td1—e1(?)	Tg6—e6
47)	Te1—c1	Dg4—h4
48)	h2—h3	f4—f3

(S. Diagramm.)

49)	Db7—b8: m)	Td8—b8: n)
50)	Tc1—c8†	Dh4—d8
51)	Tc8—d8‡ o)	Tb8—d8:
52)	Td3—f3:	Kh8—g8

Stellung nach dem 48. Zuge von Schwarz.

Schwarz.

Weiss.

	Weiss.	Schwarz.
53)	Sb5—d4	Te6—e1†
54)	Kh1—h2	Td8—d7:
55)	Sd4—f5	Td7—f7 p)
56)	g2—g4	h7—h6
57)	Sf5—h4	Tf7—f3:
58)	Sh4—f3:	Te1—e3
59)	Kh2—g3	g7—g5
60)	Kg3—f2	Te3—a3
61)	h3—h4	g5—h4:
62)	Sf3—h4:	Kg8—f7
63)	Sh4—f3	Kf7—f6
64)	Kf2—g3	Ta3—a4
65)	Kg3—h4	Ta4—a1
66)	Kh4—g3	Kf6—e6
67)	Kg3—f4	Ke6—d5
68)	g4—g5	

Schwarz.

Weiss.

68)	....	h6—h5 q)
69)	g5—g6	Kd5—e6
70)	Kf4—g5	Ta1—a5†
71)	Kg5—h6	

Remis.

---

a) Auf 7) .... d7—c6: käme Weiss in entscheidenden Vortheil:

	Weiss.	Schwarz.		Weiss.	Schwarz.
7)	....	d7—c6:	11)	Sf3—e5	Sf5—d6
8)	d4—e5:	Sd6—f5	12)	De2—h5†	g7—g6
9)	Tf1—d1	Lc8—d7	13)	Se5—g6:	
10)	e5—e6	f7—e6:			

b) Dadurch wird das schwarze Spiel eingeengt. Besser ist 13) .... De8—g6.

c) Durch diesen Zug sichert sich Schwarz vor dem Verluste eines Bauern; gleichwohl hätte Weiss besser gethan, den Bauer c5 zu nehmen, da er nach 19) Le3—c5: Lb7—d5: 20) c4—d5: Se6—c5: 21) Df2—c5: Tb8—b2: 22) Sa3—c4 wohl das bessere Spiel behauptet hätte.

d) An dieser Stelle darf 20) Le3—c5: wegen 20) .... Se6—c5: 21) Df2—c5: c7—c6 nicht mehr geschehen.

e) Hier konnte Schwarz durch 23) . . . . La8—d5: 24) c4—d5: Dh5—d1† 25) Td2—d1: Ta2—f2: 26) Lc5—f2: Se6—f4: einen zweiten Bauern gewinnen.

f) Zöge Schwarz 24) . . . . c7—d6:, so würde Weiss durch 25) Df2—e1 die Spiele ausgleichen.

g) Nimmt Schwarz den Bauer f4, so erzwingt Weiss durch 32) De6—e7 Tf8—g8 33) Tg3—g7: das Remis.

h) Besser wäre 34) Tg1—d1.

i) Es drohte 35) . . . . Dh4—g3: 36) h2—g3: Tf7—f6.

k) Weiss zöge weit besser 41) Td3—d4.

l) Zieht nun Schwarz 45) . . . . f4—f3, so antwortet Weiss mit 47) Db7—f3:

m) Weiss ist zu diesem Zuge gezwungen: auf 49) Td3—f3: würde 49) . . . . Te6—e1† 50) Tf3—f1 Dh4—f4 sofort für Schwarz entscheiden.

n) Zöge Schwarz 49) . . . . f3—g2†, so wäre er nach 50) Kh1—g1 genöthigt, ewiges Schach zu bieten.

o) Auf 51) Tc8—b8: würde 51) . . . . Te6—e1† 52) Kh1—h2 Dd8—b8† folgen.

p) Schwarz thäte besser nicht auf Abtausch zu spielen, sondern seine Thürme sich noch zu erhalten.

q) Auch 68) . . . . Ta1—a4† 69) Kf4—f5 h6—h5 würde nur zum Remis führen.

16.

Springer-Gambit.

	A. Anderssen.	G. R. Neumann.
	Weiss.	Schwarz.
1)	e2—e4	e7—e5
2)	f2—f4	e5—f4:
3)	Sg1—f3	g7—g5
4)	Lf1—c4	Lf8—g7
5)	h2—h4	h7—h6
6)	d2—d4	d7—d6
7)	Dd1—d3	Sb8—c6
8)	h4—g5:	h6—g5:
9)	Th1—h8:	Lg7—h8:
10)	g2—g3	

(S. Diagramm.)

10)	. . . .	Sg8—h6 a)
11)	g3—f4:	g5—g4
12)	Sf3—g5	Sc6—d4:

Stellung nach dem 10. Zuge von Weiss.

Schwarz.

Weiss.

	Weiss.	Schwarz
13)	Sb1—c3	Lc8—e6
14)	Lc4—e6:	

Schwarz.

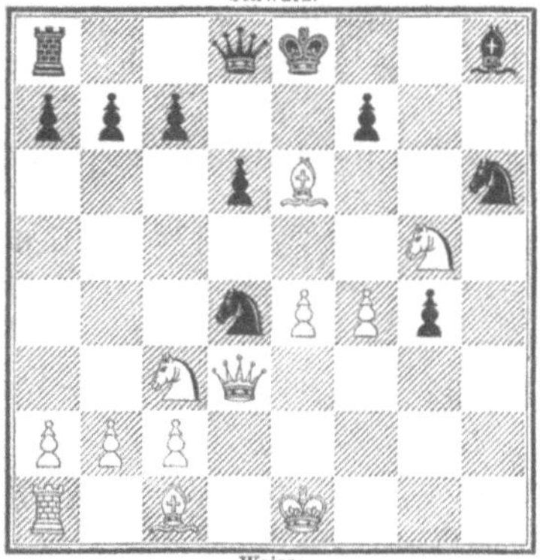

Weiss.

Schwarz.

Weiss.

	Weiss.	Schwarz.		Weiss.	Schwarz.
14)	. . . .	f7—e6: b)	21)	Se6—c7†	Ke8—d7
15)	Lc1—e3	Dd8—f6	22)	Sc7—a8:	d6—e5:
16)	0—0—0	Sd4—c6	23)	Th1—h7	Se3—f5
17)	e4—e5	Df6—f5	24)	Sc3—d5	e5—f4:
	(S. Diagramm.)		25)	Sd5—f4:	Kd7—c8
18)	Td1—h1 c)	Lh8—g7	26)	Sa8—c7	
19)	Dd3—f5:	Sh6—f5:		und Weiss gewinnt.	
20)	Sg5—e6:	Sf5—e3:			

---

a) Auf 10) . . . . g5—g4 würde Schwarz durch folgende Züge in Nachtheil gerathen:

	Weiss.	Schwarz.		Weiss.	Schwarz.
11)	e4—e5	Lf8—g7		Es droht nun: 14) Sh4—g6†	
12)	Dd3—h7	Ke8—f8	13)	. . . .	Sg8—h6
13)	Sf3—h4		14)	Lc1—f4:	

b) Besser wäre 14) . . . . Sd4—e6:

c) Auf diesen Zug giebt es für Schwarz keine Vertheidigung mehr.

17.

Evans-Gambit.

A. Anderssen.		G. R. Neumann.			
	Weiss.	Schwarz.		Weiss.	Schwarz.
1)	e2—e4	e7—e5	3)	Lf1—c4	Lf8—c5
2)	Sg1—f3	Sb8—c6	4)	b2—b4	Lc5—b4:
			5)	c2—c3	Lb4—c5

	Weiss.	Schwarz.
6)	0—0	d7—d6
7)	d2—d4	c5—d4:
8)	c3—d4:	Lc5—b6
9)	d4—d5	Sc6—a5
10)	Lc1—b2	Sg8—e7
11)	Lc4—d3	0—0
12)	Sb1—c3	Se7—g6
13)	Sc3—a4 a)	c7—c5
14)	Sa4—b6:	a7—b6: b)

Schwarz.

Weiss.

15)	Sf3—e1 c)	Lc8—d7
16)	f2—f4	f7—f6
17)	f4—f5	Sg6—e5
18)	Ld3—b1	b6—b5
19)	Dd1—e2	Dd8—e7
20)	De2—f2	Tf8—c8
21)	Df2—g3 d)	b5—b4

(S. Diagramm.)

22)	Tf1—f4	c5—c4

Schwarz.

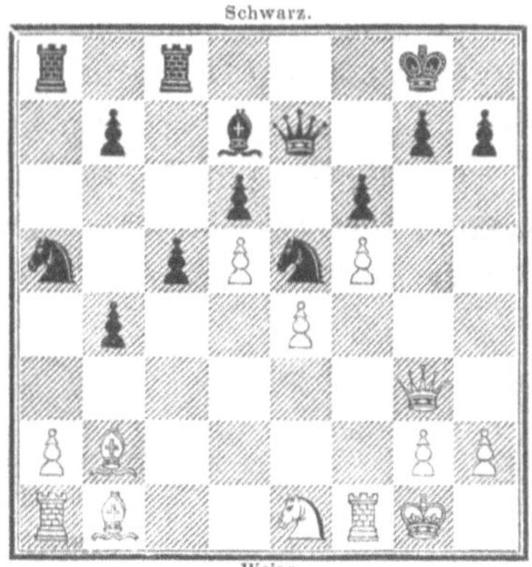

Weiss.

	Weiss.	Schwarz.
23)	Lb2—d4	c4—c3
24)	Lb1—c2	Sa5—c4
25)	Tf4—h4	Sc4—d2
26)	Th4—h3	b4—b3
27)	Ld4—c3:	Se5—f3†

Schwarz.

Weiss.

und Weiss gewinnt e).

---

a) Weiss zieht den Springer auf dieses Feld, um den Läufer b6 gegen gegen ihn abzutauschen. Wir halten dies nicht für gut. Wird der Springer nach der Königsseite gespielt, so leistet er häufig weit bessere Dienste als der schwarze Königsläufer, der meistentheils erst gegen Ende der Partie in Thätigkeit kommt.

b) Der Doppelbauer ist kein Nachtheil für Schwarz. Die Bauern auf der Damenseite gehen nichts desto weniger muthig vor, wobei sie durch den Thurm auf der freien a-Linie unterstützt werden.

c) V. d. Lasa empfiehlt 15) Dd1—c1.

d) Weiss braucht zur Postirung der Dame und des Königsthurmes auf der g- und h-Linie zu viel Zeit.

e) Auf 27) g2—f3: Tc8—c3: muss Weiss den Läufer c2 gegen den Bauer b3 hingeben, da sonst Schwarz dort b2—b3 noch grössere Vortheile erlangen würde.

18.

Ungarische Partie.

	A. Anderssen. Weiss.	C. Mayet. Schwarz.
1)	e2—e4	e7—e5
2)	Sg1—f3	Sb8—c6
3)	Lf1—c4	Lf8—e7 a)
4)	d2—d4	d7—d6
5)	d4—d5	Sc6—b8
6)	Lc4—d3 b)	Sb8—d7
7)	c2—c4	Sd7—c5
8)	Ld3—c2	a7—a5
9)	Sb1—c3	h7—h6
10)	h2—h3	Sg8—f6
11)	0—0	0—0
12)	Kg1—h2	c7—c6
13)	Dd1—e2	Lc8—d7
14)	Sf3—g1	g7—g5 c)
15)	g2—g3	Sf6—h7

Schwarz.

Weiss.

	Weiss.	Schwarz.
16)	f2—f4	f7—f6
17)	Lc1—e3	Kg8—g7
18)	Lc3—c5:	d6—c5:
19)	f4—e5:	f6—e5:
20)	Tf1—f8:	Dd8—f8:
21)	Ta1—f1	Le7—f6
22)	Sc3—a	Df8—d6
23)	Sg1—f3	Ta8—f8
24)	Sf3—d2	Ld7—e8
25)	Sd2—b3 d)	c6—d5:
26)	e4—d5:	

Schwarz.

Weiss.

26)	....	Le8—a4: e)
27)	De2—e4	Tf8—h8
28)	De4—g6†	Kg7—f8
29)	Dg6—h6†	Kf8—e7
30)	Lc2—h7:	b7—b6 f)

Schwarz.

Weiss.

	Weiss.	Schwarz.
31)	Sb3—d2	La4—c2: g)
32)	Tf1—f6:	Dd6—f6:
33)	Dh6—f6†	Ke7—f6:
34)	Lh7—c2:	g5—g4
35)	h3—h4	e5—e4
36)	Sd2—e4†	Kf6—e5
37)	Se4—g5	Th8—f8
38)	Kh2—g2	Tf8—f6
39)	b2—b3	Ke5—d4
40)	Lc2—d1	Kd4—e3
41)	Ld1—g4:	Tf6—f2†
42)	Kg2—h3	Tf2—a2:
43)	d5—d6	Ta2—d2
44)	d6—d7	Aufgegeben.

---

a) Diese Entgegnung wurde von der Pesther Schachgesellschaft mit günstigem Erfolge in einer Correspondenzpartie gegen Paris angewandt und daher mit dem Namen ungarische belegt. Sie ist jedoch nicht empfehlenswerth, da sie dem Anziehenden zu viel Terrainfreiheit gestattet.

b) Dieser Rückzug des Läufers ist nothwendig, um den Zug 7) . . . . f7—f5, wodurch sich Schwarz günstig entwickeln würde, zurückzuhalten.

c) Schwarz will den Doppelschritt des weissen f-Bauern verhindern, vermag jedoch in der That nichts zu erreichen, als dem Gegner den folgenden Vorbereitungszug abzunöthigen.

d) Dadurch wird Schwarz zu dem Fehler im 26. Zuge verleitet.

e) Man vergleiche die vorige Anmerkung. Die richtige Fortsetzung wäre b7—b6.

f) Schwarz hätte den Springer b3 gegen den Läufer a4 abtauschen sollen, da nun Weiss die Partie rasch entscheidet.

g) Die Partie ist nicht mehr zu halten.

19.

Abgelehntes Evans-Gambit.

	A. Anderssen. Weiss.	G. Kuhle. Schwarz.
1)	e2—e4	e7—e5
2)	Sg1—f3	Sb8—c6
3)	Lf1—c4	Lf8—c5
4)	b2—b4	Lc5—b6
5)	a2—a4	a7—a6
6)	0—0	d7—d6
7)	c2—c3	Sg8—f6

	Weiss.	Schwarz.
8)	d2—d3	0—0
9)	Lc4—b3 a)	Lc8—g4

Schwarz.

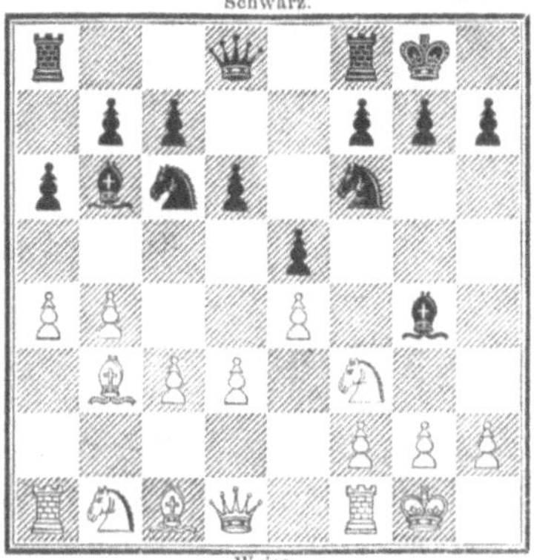

Weiss.

10)	Sb1—a3	d6—d5
11)	h2—h3	d5—e4:
12)	h3—g4:	e4—f3:
13)	g2—f3:	Sf6—d7
14)	Kg1—g2	Sc6—e7
15)	Tf1—h1	Se7—g6

Schwarz.

Weiss.

	Weiss.	Schwarz.
16)	d3—d4 b)	e5—d4:
17)	c3—d4:	Dd8—f6
18)	Sa3—c2	h7—h6
19)	Th1—h3	Ta8—d8
20)	a4—a5	Lb6—a7
21)	Ta1—b1	Sg6—f4†
22)	Lc1—f4:	Df6—f4:

Schwarz.

Weiss.

23)	Dd1—d3 c)	Sd7—e5
24)	Dd3—e3	Se5—g6
25)	Tb1—d1	Tf8—e8
26)	De3—c3	Df4—f6
27)	Kg2—f1	Sg6—f4
28)	Th3—h2	Sf4—e2
29)	Dc3—c4	Df6—f3:
30)	Td1—d3	Df3—f4
31)	Sc2—e3	Df5—h2:

Weiss giebt die Partie auf.

---

a) Wir empfehlen an dieser Stelle 9) Lc1—e3.

b) Hier ist der Wendepunkt der Partie. Durch den letzten Zug von Weiss wird die Bauernstellung auf der Damenseite geschwächt, was Schwarz schon in den nächsten Zügen auszubeuten beginnt.

c) Ein zweiter Fehler, der den Verlust beschleunigt.

20.

Sicilianische Partie.

	A. Anderssen.	B. Suhle.
	Weiss.	Schwarz
1)	e2—e4	c7—c5
2)	Lf1—c4 a)	e7—e6
3)	Sb1—c3	a7—a6
4)	a2—a4	Sb8—c6
5)	d2—d3	Sg8—f6 b)

6)	Lc1—d2	d7—d5
7)	Lc4—a2	d5—e4:
8)	d3—e4:	b7—b6
9)	Sg1—f3	Lc8—b7
10)	0—0	Lf8—e7
11)	Tf1—e1	0—0
12)	La2—c4	Sc6—d4
13)	Ld2—f4	h7—h6
14)	Lf4—e5	Ta8—c8
15)	Dd1—d3	Sd4—c6
16)	Dd3—f1	Sc6—e5:
17)	Sf3—e5:	Dd8—c7
18)	f2—f4	Tc8—a8
19)	Ta1—d1	Tf8—d8
20)	Td1—d3	Td8—d4
21)	b2—b3	Ta8—d8
22)	Td3—e3	

	Weiss.	Schwarz.
22)	. . . .	Td4—d2 c)
23)	Lc4—d3	c5—c4
24)	Se5—c4:	Le7—c5

25)	Sc4—d2:	Sf6—g4 (??)
26)	Sc3—d1	g7—g5
27)	Kg1—h1	Sg4—e3:
28)	Sd1—e3:	g5—f4:
29)	Se3—g4	Kg8—g7
30)	e4—e5	h6—h5
31)	Sg4—f6	Lc5—e3
32)	Sf6—h5†	Kg7—f8 d)
33)	Sh5—f4:	Aufgegeben.

a) Auf 2) Sg1—f3 e7—e6 (!) 3) d2—d4: 4) Sf3—d4: zieht Schwarz am besten 4) . . . . Sg8—f6.

b) Für den Fall, dass Schwarz den Springer nach g7 zieht, hat Anderssen folgende Variante aufgestellt:

	Weiss.	Schwarz.
5)	. . . .	Sg8—e7
6)	Lc1—g5	Dd8—c7
7)	Lg5—h4	Se7—g6
8)	Lh4—g3	Lf8—d6
9)	Sg1—h3	0—0
10)	0—0	f7—f5
11)	f2—f4	

(S. Diagramm.)

worauf Schwarz nicht auf Bauergewinn spielen darf; denn sonst geschieht

	Weiss.	Schwarz.
11)	. . . .	f5—e4:
12)	d3—e4:	Sg6—f4:
13)	Sh3—f4:	Ld6—f4:
14)	Sc3—d5	e6—d5:
15)	Dd1—d5†	Kg8—h8
15)	Tf1—f4:	

Stellung nach dem 11. Zuge von Weiss.

Schwarz.

Weiss.

c) Eine fehlerhafte Combination, wodurch Schwarz mindestens einen Bauer einbüsst.

d) Auf 32) . . . . Kg7—h6 folgt 33) Te1—e3:

21.

Abgelehntes Evans-Gambit.

	A. Anderssen. Weiss.	E. Suhle. Schwarz.
1)	e2—e4	e7—e5
2)	Sg1—f3	Sb8—c6
3)	Lf1—c4	Lf8—c5
4)	b2—b4	Lc5—b6
5)	a2—a4	a7—a6
6)	0—0	d7—d6
7)	a4—a5	Lb6—a7
8)	b4—b5	a6—b5:
9)	Lc4—b5:	Sg8—e7
10)	d2—d4.	0—0 a)
11)	d4—e5:	Sc6—e5:
12)	Sf3—e5:	d6—e5:
13)	Lc1—a3	Dd8—d1:
14)	Tf1—d1:	Lc8—g4
15)	Td1—d3	c7—c5
16)	Sb1—c3	Tf8—d8
17)	Sc3—a4 b)	
	(S. Diagramm.)	
17)	. . . .	Se7—g6
18)	La3—c5:	Td8—d3:
19)	Lb5—d3:	La7—c5:
20)	Sa4—c5:	b7—b6
21)	Sc5—b3	b6—a5:

Stellung nach dem 17. Zuge von Weiss.

Schwarz.

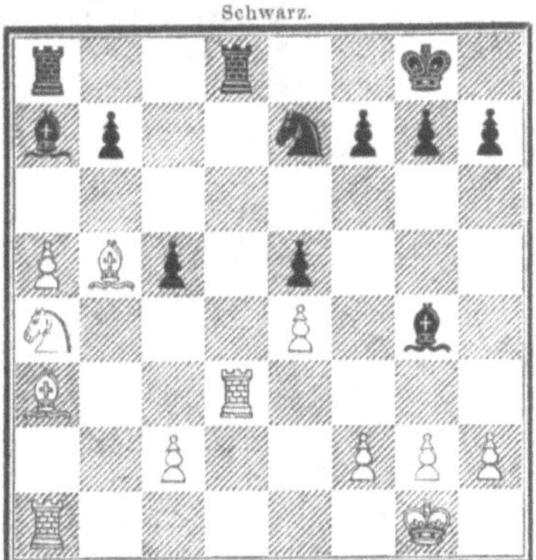

Weiss.

	Weiss.	Schwarz.
22)	f2—f3	Lg4—d7
23)	Ta1—a5:	Ta8—a5:
24)	Sb3—a5:	Sg6—f4

Schwarz.

Weiss.

25)	Ld3—f1	Kg8—f8
26)	Kg1—f2	Kf8—e7
27)	Kf2—e3	f7—f6
28)	Ke3—d2	Ke7—d6
29)	Kd2—c3	Sf4—e6
30)	Kc3—b4	Se6—d4
31)	Sa5—c4†	Kd6—c7
32)	c2—c3	Sd4—e6

	Weiss.	Schwarz.
33)	Sc4—e3	Ld7—c6
34)	Lf1—c4	Se6—f4
35)	g2—g3	Sf4—h3

Schwarz.

Weiss.

36)	Kb4—c5 c)	Sh3—g1
37)	Lc4—d5	Lc6—d7
38)	f3—f4	e5—f4:
39)	g3—f4:	Sg1—e2
40)	Ld5—g8	Se5—c3:
41)	Lg8—h7:	Kc7—d8
42)	Se3—d5	Sc3—d5:
43)	e4—d5:	g7—g5
44)	f4—f5	Kd8—e7
45)	d5—d6†	Ke7—d8
46)	Kc5—d5	Ld7—c8
47)	Lh7—g6	Lc8—d7
48)	h2—h3	Ld7—c8
49)	Lg6—h5	Lc8—f5:
50)	Lh5—g4	Lf5—g4:
51)	h3—g4:	Kd8—d7
52)	Kd5—c5	f6—f5
53)	g4—f5:	g5—g4
54)	f5—f6	g4—g3
55)	f6—f7	g3—g2

Remis.

---

a) Weit besser ist 10) . . . . e5—d4:

b) Schwarz kann nun den Verlust eines Bauern nicht abwehren.

c) Durch diesen Zug giebt Weiss den Gewinn aus der Hand. Auf 36) Lc4—e2 hätte der schwarze Springer unverrichteter Sache wieder abziehen müssen.

22.

Läufergambit.

	G. Suhle. Weiss.	A. Anderssen. Schwarz.
1)	e2—e4	e7—e5
2)	f2—f4	e5—f4:
3)	Lf1—c4	d7—d5
4)	Lc4—d5:	c7—c6
5)	Ld5—b3	Dd8—h4†
6)	Ke1—f1	g7—g5
7)	Sb1—c3	Lf8—g7
8)	d2—d4	Sg8—e7
9)	Sg1—f3	Dh4—h5
10)	h2—h4	h7—h6
11)	Sf3—e5 a)	

Schwarz.

Weiss.

	Weiss.	Schwarz.
11)	. . . .	Dh5—d1†
12)	Sc3—d1:	Lg7—e5:
13)	d4—e5:	Th8—g8
14)	h4—g5:	h6—g5:
15)	Sd1—f2	Lc8—e6
16)	Lb3—e6:	f7—e6:
17)	Th1—h5	Sb8—d7
18)	Sf2—h3	Sd7—e5:
19)	Sh3—g5:	0—0—0
20)	Sg5—e6.	Td8—e8
21)	Lc1—f4:	Se7—g6
22)	Lf4—e5:	Te8—e6:
23)	Le5—h2	Te6—e4:
24)	Th5—h7	Sg6—f4
25)	Lh2—f4:	Te4—f4†
26)	Kf1—g1	Tf4—g4
27)	Th7—h2	

Schwarz.

Weiss.

	Weiss.	Schwarz.
27)	. . . .	Kc8—c7 b)
28)	Ta1—d1	Kc7—b6
29)	Td1—d2	a7—a5
30)	Th2—h3	Kb6—b5
31)	Kg1—h2	a5—a4
32)	a2—a3	c6—c5
33)	g2—g3	b7—b6
34)	Td2—g2	Kb5—a5
35)	Th3—h4	Tg4—g5

	Weiss.	Schwarz.		Weiss.	Schwarz.
36)	g3—g4	Ka5—b5	44)	Tg4—g6†	Kd6—e7
37)	Kh2—h3	Kb5—c4	45)	Kh4—g5	b5—b4
38)	Th4—h5	Tg5—g6	46)	Kg5—h6	b4—a3:
39)	g4—g5	b6—b5	47)	b2—a3:	Te1—f1
40)	Tg2—g4†	Kc4—d5	48)	Kh6—h7	Ke7—f7
41)	Kh3—h4	Tg6—e6	49)	Tg6—g5 c)	Tf1—f6
42)	g5—g6†	Kd5—d6	50)	Th5—h6	Tf6—f2
43)	g6—g7	Te6—e1	51)	Tg5—g6	Aufgegeben.

a) Die beste Fortsetzung des Angriffs. Ob jedoch Weiss dadurch gewinnen muss, ist auch nach dieser Partie fraglich.

b) Hier hätte Schwarz remis erzielen können, denn auf 27) . . . . Tg4—d4 nebst Td4—d2 hätte Weiss nichts unternehmen können, ohne entweder die Bauern auf der Damenseite oder den Bauer g2 preis zu geben.

c) Hier konnte sofort Th5—h6 geschehen.

23.

Läufergambit.

	G. Suhle. Weiss.	A. Anderssen. Schwarz.
1)	e2—e4	e7—e5
2)	f2—f4	e5—f4:
3)	Lf1—c4	d7—d5
4)	Lc4—d5:	c7—c6
5)	Ld5—b3	Dd8—h4†
6)	Ke1—f1	g7—g5
7)	d2—d4	Lf8—g7
8)	Sb1—c3	h7—h6
9)	e4—e5	Lc8—f5
10)	Lc1—d2	Sg8—e7
11)	h2—h3 a)	

Stellung nach dem 11. Zuge von Weiss.

Schwarz.

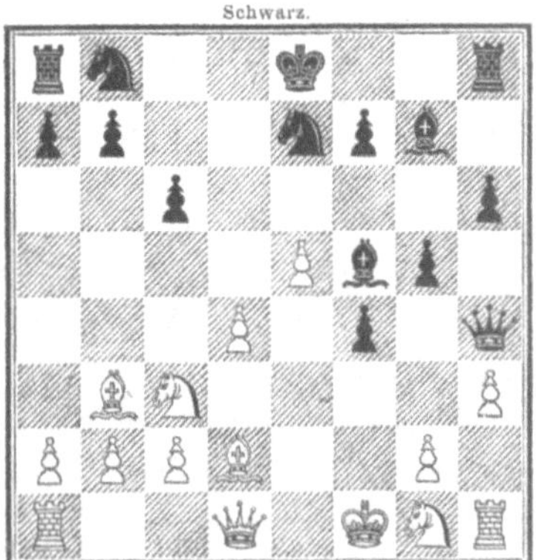

Weiss.

(S. Diagramm.)

	Weiss.	Schwarz.
11)	. . . .	Lf5—g6
12)	Ld2—e1	Dh4—h5
13)	Dd1—h5:	Lg6—h5:
14)	Sc3—e4	Se7—f5
15)	Le1—f2	Sb8—a6
16)	c2—c3	Sa6—c7
17)	h3—h4	Sc7—d5

Schwarz.

Weiss.

	Weiss.	Schwarz.
18)	Lb3—d5:	c6—d5:
19)	Sc4—c5	0—0—0
20)	h4—g5:	h6—g5:
21)	Sg1—h3	b7—b6
22)	Sc5—d3	f7—f6
23)	e5—f6:	Lg7—f6: b)
24)	Ta1—c1	Lh5—g6
25)	Kf1—e2 c)	Sf5—d6
26)	Sd3—e5	Lg6—h5†
27)	Ke2—d3	Sd6—e4
28)	Kd3—c2 d)	

(S. Diagramm.)

28)	. . . .	Lf6—e5:
29)	d4—e5:	Lh5—g6

Stellung nach dem 28. Zuge von Weiss.

Schwarz.

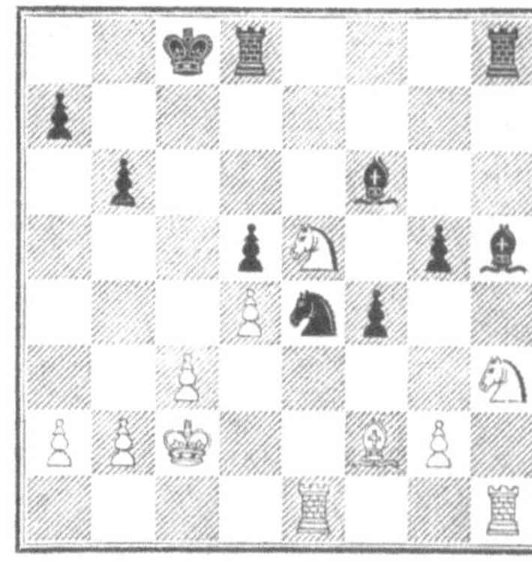

Weiss.

	Weiss.	Schwarz.
30)	Kc2—b3	Th8—h3:
31)	Th1—h3:	Se4—f2:
32)	Th3—h6	Lg6—c4
33)	e5—e6	Td8—e8
34)	c3—c4	Sf2—d3
35)	Tc1—d1	d5—d4
36)	Kb3—a3	Sd3—c5
37)	Td1—d4:	Lc4—g2:
38)	b2—b4	Sc5—e6:
39)	Td4—d2	f4—f3
40)	Th6—g6	Te8—d8
41)	Td2—d8†	Kc8—d8:
42)	Tg6—e6:	f3—f2

Weis giebt die Partie auf.

---

a) Ein verfehltes Mannöver. Weiss will die Dame erobern, lässt aber dabei den nächsten Zug von Schwarz ausser Acht.

b) Schwarz hat bereits die bessere Stellung und den Angriff.

c) Die gefahrvolle Expedition des weissen Königs kostet ihm einen seiner sorglosen Offiziere.

d) Weiss kann nun den Verlust eines Offiziers, und somit der Partie nicht mehr vermeiden. Man prüfe das obige Diagramm.

24.

Spanische Partie.

	G. K. Neumann. Weiss.	A. Anderssen. Schwarz.
1)	e2—e4	e7—e5
2)	Sg1—f3	Sb8—c6
3)	Lf1—b5	Sg8—f6
4)	0—0	Sf6—e4:
5)	d2—d4	Lf8—e7
6)	Dd1—e2	Se4—d6
7)	Lb5—c6:	b7—c6:
8)	d4—e5:	Sd6—b7
9)	Lc1—e3	0—0
10)	Tf1—d1	Dd8—e8
11)	Sb1—c3	Sb7—d8
12)	Sf3—d4	d7—d5
13)	f2—f4	Sd8—e6
14)	Sd4—f5	Le7—b4
15)	Sf5—g3	d5—d4

Schwarz.

Weiss.

16)	Td1—d4:(!)	Se6—d4:
17)	Le3—d4:	a7—a5
18)	Sc3—e4	c6—c5
19)	Se4—c5:	De8—c6
20)	De2—f2	Tf8—d8
21)	c2—c3	Lb4—c5:
22)	Ld4—c5:	Lc8—b7
23)	Lc5—d4	Dc6—d5
24)	Sg3—f5	Td8—d7

Schwarz.

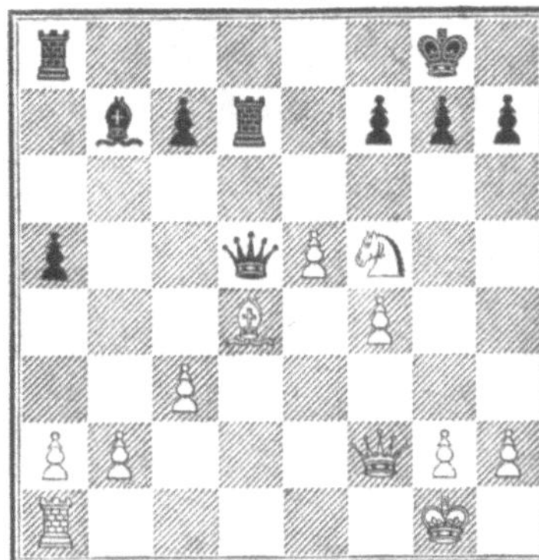

Weiss.

	Weiss.	Schwarz.
25)	Sf5—g7:	Dd5—g2† a)
26)	Df2—g2:	Lb7—g2:
27)	Kg1—g2: b)	Kg8—g7:
28)	e5—e6†	Td7—d4:
29)	c3—d4:	f7—e6:

Schwarz.

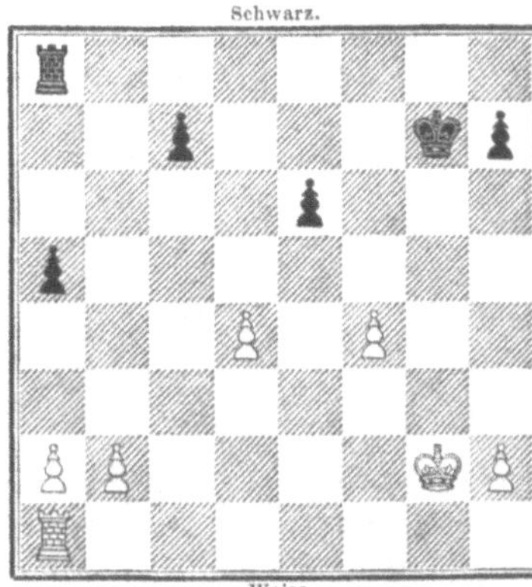

Weiss.

30)	Kg2—f3 (?) c)	Kg7—f6
31)	Kf3—e4	Ta8—g8
32)	Ta1—c1	Tg8—g2
33)	Tc1—c7:	Tg2—h2:
34)	Tc7—a7	Th2—b2:
35)	Ta7—a5:	h7—h5
36)	Ta5—h5:	Tb2—a2:

Remis.

a) Auf 25) . . . . c7—c5 folgt 26) Sg7—h5.

b) Nach 27) Sg7—h5 Lg2—c6 (!) 28) Sh5—f6† Kg8—f8 (!) 28) Sf6—d7‡ Lc6—d7: würde Weiss zwei Bauern mehr behalten, jedoch wegen der ungleichen Läufer kaum mehr als Remis erzielen.

c) Damit giebt Weiss den Sieg aus der Hand. Durch 30) Ta1—c1 hätte er schnell ein entscheidendes Uebergewicht an Bauern erlangt.

25.

Spanische Partie.

	G. R. Neumann.	A. Anderssen.
	Weiss.	Schwarz.
1)	e2—e4	e7—e5
2)	Sg1—f3	Sb8—c6
3)	Lf1—b5	Sg8—f6
4)	d2—d3	Lf8—c5
5)	0—0	d7—d6
6)	Lb5—c6‡	b7—c6:
7)	h2—h3	Lc5—b6
8)	Sb1—c3	h7—h6
9)	Sc3—e2 a)	Sf6—h5
10)	d3—d4	f7—f5
11)	d4—e5:	f5—e4:
12)	Sf3—d4	0—0
13)	Lc1—e3	Dd8—h4
14)	Kg1—h2	d6—e5:
15)	Sd4—c6:	

(S. Diagramm.)

15)	. . . .	Lc8—h3:
16)	g2—h3:	Tf8—f3
17)	Se2—g1	Lb6—e3:
18)	Sg1—f3: b)	Dh4—f4†

Stellung nach dem 15. Zuge von Weiss.

Schwarz.

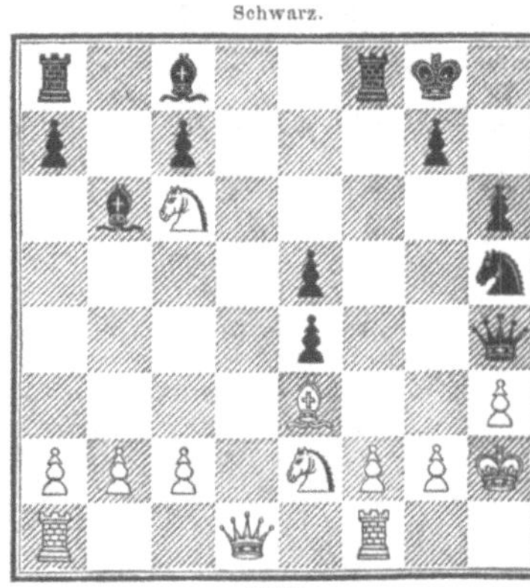

Weiss.

	Weiss.	Schwarz.
19)	Kh2—g2	Ta8—f8

(S. Diagramm)

20)	Dd1—d5† c)	Kg8—h7
21)	Sc6—e5: d)	Le3—b6
22)	Ta1—e1	e4—f3‡
23)	Se5—f3:	Tf8—f5

Stellung nach dem 19. Zuge von Schwarz.

Schwarz.

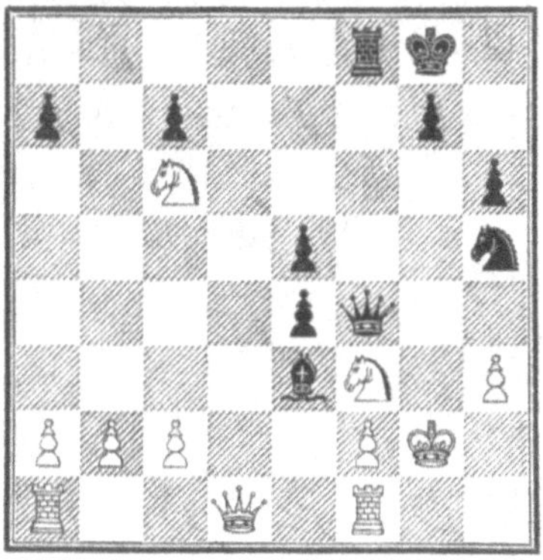

Weiss.

Stellung nach dem 24. Zuge von Schwarz.

Schwarz.

Weiss.

	Weiss.	Schwarz.
24)	Dd5—e4	c7—c6
	(S. Diagramm.)	
25)	De4—f4: e)	Sh5—f4:†
26)	Kg2—h2 (!)	Lb6—c7
27)	Sf3—g1	Sf4—d3†
28)	Kh2—g2	Tf8—g5†
29)	Kg2—f3	Sd3—e1†
30)	Tf1—e1:	

Als remis abgebrochen.

---

a) Hier musste sofort d3—d4 geschehen.

b) Auf 18) f2—e3: folgt 18) .... Tf3—f2† 19) Tf1—f2: Dh4—f2† 20) Kh2—h1 Sh5—g3†.

c) Weiss darf auch an dieser Stelle den Läufer e3 nicht nehmen.

d) Zieht Weiss 21) Sf3—e5:, so gewinnt Schwarz durch 21) .... Tf8—f5.

e) Weiss thäte besser den Springer nach h4 zu spielen und so den Gegner zum Damentausch zu zwingen.

26.

Muzio-Gambit.

	A. Anderssen. Weiss.	G. R. Neumann. Schwarz.
1)	e2—e4	e7—e5
2)	f2—f4	e5—f4:
3)	Sg1—f3	g7—g5
4)	Lf1—c4	g5—g4
5)	0—0	g4—f3:
6)	Dd1—f3:	Dd8—e7
7)	d2—d4 a)	Sb8—c6
	(S. Diagramm.)	
8)	Df3—f4: b)	Sc6—d4:
9)	Lc4—f7†	Ke8—d8

Stellung nach dem 7. Zuge von Schwarz.

Schwarz.

Weiss.

Stellung nach dem 16. Zuge von Weiss.

Schwarz.

Weiss.

	Weiss.	Schwarz.
10)	Sb1—c3	c7—c6
11)	Df4—f2	Lf8—g7
12)	Lc1—e3	Sd4—e6
13)	Ta1—d1	Se6—c7
14)	Df2—g3	Sc7—e8
15)	Lf7—g8:	Th8—g8:
16)	e4—e5	
	(S. Diagramm.)	
16)	....	De7—e6 c)

	Weiss.	Schwarz.
17)	Sc3—e4	Lg7—e5:
18)	Dg3—h4†	Kd8—c7
19)	Se4—g5	De6—g6
20)	Tf1—f7	h7—h6
21)	Le3—f4	Le5—d6
22)	Dh4—f2	h6—g5:
23)	Lf4—d6†	Se8—d6:
24)	Tf7—f6	Sd6—e4

Weiss giebt die Partie auf.

---

a) Ueber die Fortsetzung:

	Weiss.	Schwarz.
7)	Df3—f4:	Sb8—c6
8)	Df4—f7†	De7—e7:
9)	Lc4—f7†	Ke8—d8
10)	Sb1—c3	Sc6—e5
11)	d2—d4	Se5—f7:
12)	Tf1—f7:	Kd8—e8
13)	Tf7—f8†	Ke8—f8:
14)	Sc3—d5	c7—c6
15)	Sd5—c7	Ta8—b8
16)	Lc1—f4	

Schwarz.

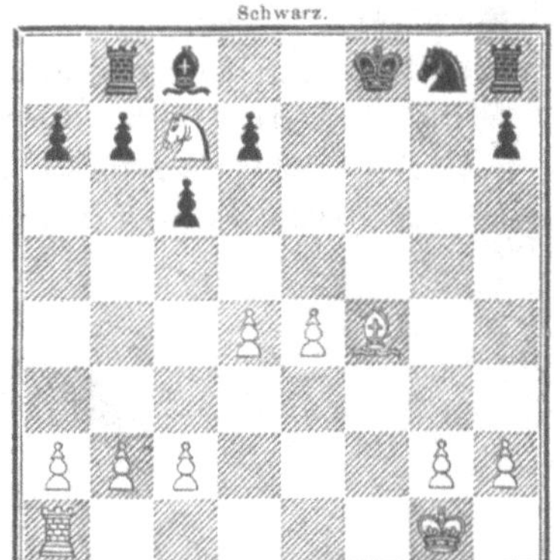

Weiss.

vergleiche man die Analyse von E. Schallopp im Decemberhefte 1864 der Neuen Berliner Schachzeitung, welche das Spiel zu Gunsten von Weiss ausführt.

b) Zieht Weiss 8) c2—c3, so erlangt Schwarz durch 8) .... Sc6—e5 9) d4—e5: De7—c5† 10) Kg1—h1 Dc5—c4: ein sicheres Spiel.

c) Es ist ersichtlich, dass Schwarz den Bauer e5 nicht nehmen darf.

27.

Läufergambit.

	B. Suhle.	A. Anderssen.
	Weiss.	Schwarz.
1)	e2—e4	e7—e5
2)	f2—f4	e5—f4:
3)	Lf1—c4	d7—d5
4)	Lc4—d5:	c7—c6
5)	Ld5—b3	Dd8—h4†
6)	Ke1—f1	g7—g5
7)	d2—d4	Lf8—g7
8)	Sb1—c3	Sg8—e7
9)	Sg1—f3	Dh4—h5
10)	h2—h4	h7—h6
11)	Sf3—e5	Dh1—d5†
12)	Sc3—d1:	Lg7—e5:
13)	d4—e5:	Th8—g8
14)	h4—g5:	h6—g5:
15)	Sd1—f2	Se7—g6
16)	Sf2—d3	

Schwarz.

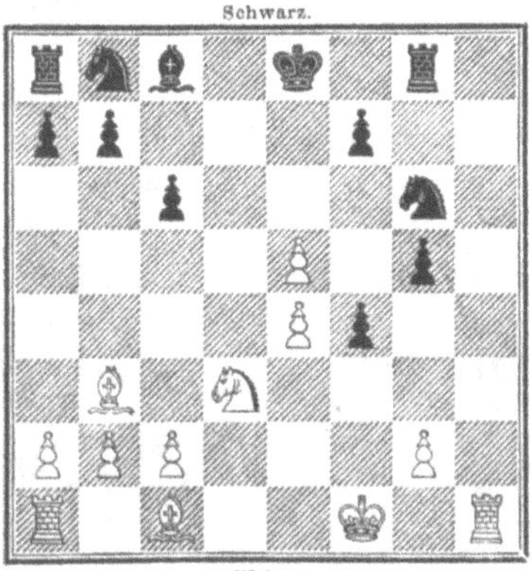

Weiss.

16)	....	b7—b6 a)
17)	Kf1—f2	Lc8—e6
18)	Lc1—d2	Sb8—d7
19)	Ld2—c3	0—0—0
20)	Ta1—g1	Td8—e8
21)	Lb3—e6:	f7—e6:
22)	g2—g3	f4—g3†
23)	Kf2—g3:	Sg6—h5

	Weiss.	Schwarz.
24)	Tg1—f1	c6—c5 b)

Schwarz.

Weiss.

25)	b2—b3	b6—b5
26)	Th1—h2	c5—c4
27)	b3—c4:	b5—c4:
28)	Sd3—b2	Sd7—c5
29)	Tf1—e1	Te8—f8

Schwarz.

Weiss.

30)	Te1—e3	Tf8—f4
31)	Sb2—c4:	Sc5—e4†
32)	Te3—e4:	Sh4—f5†
33)	Kg3—g2	Tf4—e4:

Weiss giebt die Partie auf.

a) Dieser Zug ist nöthig, um dem weissen Springer das Feld c5 zu verwehren.

b) Die Partie wird von Anderssen sehr elegant gespielt. Namentlich machen wir auf die überraschende Wendung am Schlusse aufmerksam.

28.

Evans-Gambit.

	A. Anderssen. Weiss.	G. R. Neumann. Schwarz.
1)	e2—e4	e7—e5
2)	Sg1—f3	Sb8—c6
3)	Lf1—c4	Lf8—c5
4)	b2—b4	Lc5—b4:
5)	c2—c3	Lb4—c5
6)	0—0	d7—d6
7)	d2—d4	e5—d4:
8)	c3—d4:	Lc5—b6
9)	d4—d5	Sc6—a5
10)	Lc1—b2	Sg8—e7
11)	Lc4—d3	0—0
12)	Sb1—c3	Se7—g6
13)	Sc3—e2	f7—f6
14)	Dd1—d2	c7—c5
15)	Kg1—h1	a7—a6
16)	Ta1—c1	Lb6—c7
17)	Sf3—e1	b7—b5
18)	f2—f4	Lc8—d7
19)	Se1—f3	Sa5—b7
20)	f4—f5	Sg6—e5
21)	Se2—f4	c4—c5
22)	Ld3—e2 a)	Sb7—c5

(S. Diagramm.)

23)	Dd2—e3	Se5—g4
24)	De3—g1	Sc5—e4:
25)	Sf3—d4 b)	Sg4—e5
26)	Sf4—e6	Ld7—e6:
27)	Sd4—e6:	Dd8—e7

Stellung nach dem 22. Zuge von Schwarz.

	Weiss.	Schwarz.
28)	Dg1—e3	Se4—c5
29)	Se6—f8:	De7—f8:
30)	Lb2—e5:	d6—e5: c)
31)	De3—h3	e5—e4

	Weiss.	Schwarz.
32)	Dh3—e3 d)	Df8—d6
33)	Dh3—g3	Dd6—g3:
34)	h2—g3:	Ta8—d8 e)
35)	Kh1—h2	

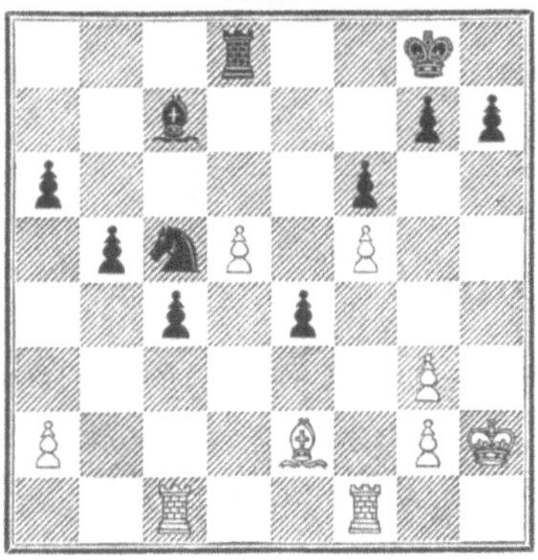

35)	....	Sc5—d3
36)	Tc1—b1	Td8—d5:
37)	Kh2—h3	a6—a5
38)	Kh3—h4	b5—b4
39)	g3—g4	Lc7—f4 f)
	(S. Diagramm.)	
40)	Tf1—f4:	Sd3—f4:
41)	Le2—c4:	Sf4—g2†
42)	Kh4—g3	Sg2—e3
43)	Lc4—d5†	Se3—d5:
44)	Tb1—d1	Sd5—c3
45)	Td1—d8†	Kg8—f7
46)	Td8—d7†	Kf7—f8
47)	Kg3—f4	a5—a4

Stellung nach dem 39. Zuge von Schwarz.

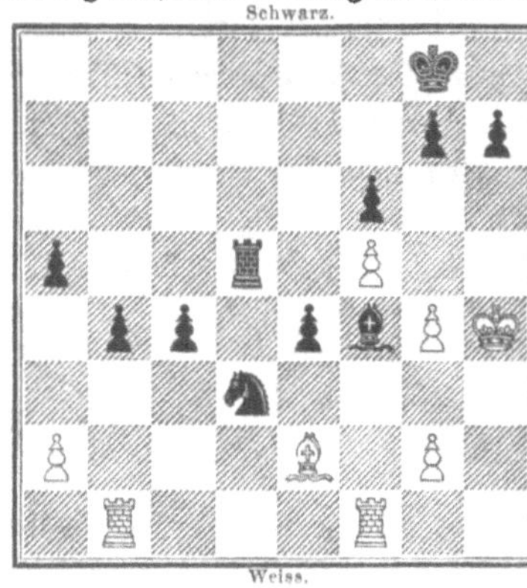

	Weiss.	Schwarz.
48)	Td7—a7	

48)	....	g7—g5† g)
49)	Kf4—e3	b4—b3
50)	a2—b3:	a4—b3:
51)	Ta7—b7	b3—b2

Weiss giebt die Partie auf.

---

a) Besser scheint 22) Ld3—b1.

b) Weiss gewinnt nun die Qualität für die geopferten Bauern. Doch schwächt sich damit sein Angriff völlig ab.

c) Schwarz nimmt mit dem Damen-Bauer, einerseits um den Bauer f5 nicht vorzulassen, andrerseits um den vereinzelten d-Bauer leichter angreifen zu können.

d) Weiss will den Bauer d5 zu halten suchen, was ihm jedoch nicht gelingt.

e) Schwarz könnte wohl zuerst den Bauer g3 nehmen.

f) Dieser Zug ist nicht ganz zu billigen. Weiss erlangt zwar durch seine folgende Combination keinen materiellen Vortheil, schafft sich jedoch dadurch den gefährlichen Freibauer auf der c-Linie vom Brette.

g) Dieser Zug nimmt dem Weissen jede Hoffnung auf Remis.

29

Spanische Partie.

	G. R. Neumann.	A. Anderssen.
	Weiss.	Schwarz.
1)	e2—e4	e7—e5
2)	Sg1—f3	Sb8—c6
3)	Lf1—b5	Sg8—f6
4)	0—0	Sf6—e4:
5)	d2—d4	Lf8—e7
6)	Dd1—e2	Se4—d6
7)	Lb5—c6:	b7—c6:
8)	d4—e5:	Sd6—b7
9)	Lc1—e3	0—0
10)	Tf1—d1	Dd8—e8
11)	Sb1—c3	Sb7—d8
12)	Sf3—d4	f7—f5
13)	f2—f4	c6—c5
14)	Sd4—b5	Sd8—e6
15)	Sc3—d5	Le7—d8
16)	c2—c4	a7—a6
17)	Sb5—a3	d7—d6
18)	e5—d6:	c7—d6:
19)	Td1—e1	Ld8—a5
20)	Le3—d2	La5—d2:
21)	De2—d2:	

(S. Diagramm.)

21)	....	De8—d8
22)	Ta1—d1	Ta8—a7
23)	Sa3—c2	Ta7—f7
24)	a2—a3	g7—g5

Stellung nach dem 21. Zuge von Weiss.

	Weiss.	Schwarz.
25)	f4—g5:	Se6—g5:

	Weiss.	Schwarz.
26)	Sd5—c7†	Tf7—e7:
27)	Dd2—g5†	Te7—g7
28)	Dg5—d8:	Tf8—d8:
29)	Te1—f1	Lc8—b7
30)	Sc2—e3	Td8—e8
31)	Se3—d5	Lb7—d5:
32)	Td1—d5:	Te8—e2
33)	Tf1—f2	Te2—e1†

Remis.

30.

Spanische Partie.

	C. Schallopp. Weiss.	A. Anderssen. Schwarz.
1)	e2—e4	e7—e5
2)	Sg1—f3	Sb8—c6
3)	Lf1—b5	Sg8—e7
4)	0—0	Se7—g6
5)	d2—d4	e5—d4:
6)	Sf3—d4:	Lf8—c5
7)	Sd4—f5	Dd8—f6
8)	Sb1—c3	Sc6—e7
9)	Sc3—d5	Se7—d5:
10)	Dd1—d5:	Lc5—e7
11)	Dd5—d3	0—0
12)	Lc1—d2	

Schwarz.

Weiss.

12)	....	c7—c6

	Weiss.	Schwarz.
13)	Lb5—a4	Tf8—e8
14)	Ld2—c3	Sg6—e5
15)	Dd3—g3	Le7—c5
16)	Kg1—h1 a)	b7—b5 (!)
17)	f2—f4	

Schwarz.

Weiss.

17)	....	Df6—g6
18)	La4—b3 b)	Dg6—g3:
19)	h2—g3: c)	Se5—g4
20)	Sf5—g7:	Te8—e4:
21)	Ta1—e1	d7—d5 d)
22)	Te1—e4:	d5—e4:
23)	Sg7—h5	a7—a5
24)	a2—a3	Sg4—f2†
25)	Kh1—h2	Lc8—f5

	Weiss.	Schwarz.
26)	Sh5—f6†	Kg8—f8
27)	g3—g4 e)	

Schwarz.

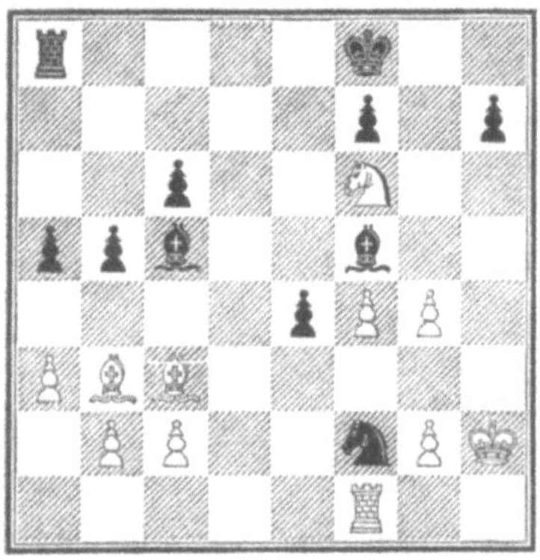

Weiss.

27)	. . . .	Sf2—g4†
28)	Sf6—g4:	Lf5—g4:
29)	Kh2—g3	Lg4—f5
30)	Kg3—h4 f)	Lc5—e7†
31)	Kh4—h5	b5—b4
32)	a3—b4:	a5—b4:

	Weiss.	Schwarz.
33)	Lc3—e5	f7—f6

Schwarz.

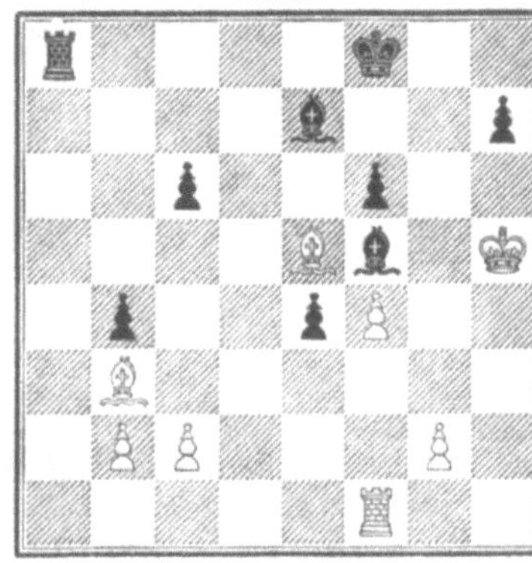

Weiss.

34)	g2—g4 g)	Lf5—g6†
35)	Kh5—h6	f6—e5:
36)	f4—f5	Lg6—f7
37)	f5—f6	Le7—c5
38)	Lb3—f7:	Kf8—f7:
39)	Kh6—h7:	Ta8—g8

Weiss giebt die Partie auf.

---

a) Durch 16) b2—b4 Lc5—b6 17) Kg1—h1 hätte Weiss einen Offizier erobert.

b) Auf 18) Lc3—e5: b5—a4: 19) Ta1—e1 würde 19) . . . . d7—d5 folgen.

c) Besser wäre 19) Sf5—g3: und auf 19) . . . . Se5—g4 20) Lc3—e1. In Folge des gewählten Zuges kommt der weisse Springer sehr bald in Verlegenheit.

d) Schwarz hat sich nach dem 16. Zuge von Weiss vortrefflich vor jedem materiellen Nachtheil zu bewahren gewusst und erlangt nun mit den nächsten Zügen auch die bessere Stellung.

e) Weiss opfert den Bauer, um sich aus seiner gedrückten Lage zu befreien.

f) Weiss steht schlecht. Die abenteuerliche Reise seines Königs ist zu entschuldigen.

g) Verzweiflung!

31.

Schottisches Gambit.

	A. Anderssen.	C. Schallopp.
	Weiss.	Schwarz.
1)	e2—e4	e7—e5
2)	Sg1—f3	Sb8—c6
3)	d2—d4	e5—d4:
4)	Lf1—c4	Lf8—c5
5)	0—0	d7—d6
6)	c2—c3	Lc8—g4 (!)

Schwarz.

Weiss.

7)	b2—b4 a)	Lc5—b6
8)	Lb1—b2 b)	Sc6—e5

Schwarz.

Weiss.

	Weiss.	Schwarz.
9)	Lc4—b3 c)	Se5—f3†
10)	g2—f3:	Lg4—h3
11)	Kg1—h1	Lh3—f1:
12)	Dd1—f1:	Dd8—f6
13)	Df1—d3	Sg8—e7
14)	c3—d4:	Se7—g6
15)	Sb1—d2	Sg6—f4
16)	Dd3—e3	a7—a5 d)
17)	Sd2—c4	

Schwarz.

Weiss.

17)	....	a5—a4
18)	Sc4—b6:	c7—b6:
19)	Lb3—c4	0—0
20)	Ta1—g1	d6—d5
21)	Tg1—g4	g7—g5 e)
22)	Lc4—d5:	Sf4—d5:
23)	Tg4—g5†	Kg8—h8
24)	Tg5—d5:	Tf8—g8

	Weiss.	Schwarz.
25)	f3—f4	Tg8—g7
26)	Lb2—c3	Ta8—g8
27)	Td5—g5	h7—h6

(S. Diagramm.)

28)	d4—d5	Aufgegeben.

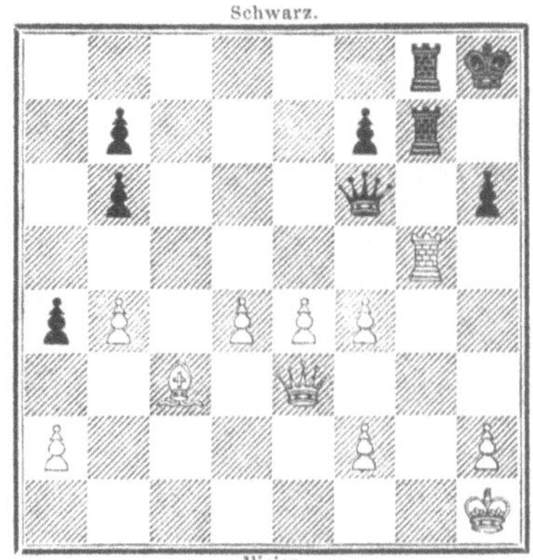

---

a) Auf 7) Dd1—b3 folgt mit Vortheil 7) . . . . Lg4—f3: Eine Partie zwischen J. Kolisch (Weiss) und A. Anderssen (Schwarz) nahm folgenden Verlauf:

	Weiss.	Schwarz.
7)	Dd1—b3	Lg4—f3:
8)	Lc4—f7†	Ke8—f8
9)	Lf7—g8:	Th8—g8:
10)	g2—f3:	g7—g5
11)	Db3—d1	Dd8—d7
12)	b2—b4	Lc5—b6
13)	Lc1—b2	d4—d3
14)	Dd1—d3:	Sc6—e5
15)	Dd3—e2	Dd7—h3
16)	Sb1—d2	g5—g4

und Schwarz gewinnt.

Stellung nach dem 16. Zuge von Schwarz.

b) In Folge dieses Zuges verliert Weiss die Qualität.

c) Auf 9) Lc4—e2 würde 9) . . . . d4—d3 folgen.

d) Nicht gut! Schwarz erhält nun eine sehr schlechte Bauernstellung auf der Damenseite.

e) Ein arger Fehler, der zwei Bauern kostet.

32.

Evans-Gambit.

	A. Anderssen. Weiss.	G. R. Neumann. Schwarz.
1)	e2—e4	e7—e5
2)	Sg1—f3	Sb8—c6
3)	Lf1—c4	Lf8—c5
4)	b2—b4	Lc5—b4:
5)	c2—c3	Lb4—c5
6)	0—0	d7—d6
7)	d2—d4	e5—d4:
8)	c3—d4:	Lc5—b6
9)	d4—d5	Sc6—a5
10)	Lc1—b2	Sg8—e7
11)	Lc4—d3	0—0
12)	Sb1—c3	Se7—g6
13)	Sc3—e2	c7—c5
14)	Kg1—h1	Lc8—d7
15)	Sf3—e1	Ta8—c8
16)	f2—f4	c5—c4
17)	Ld3—c2	f7—f6
18)	Lb2—c3	Lb6—c7
19)	Se2—d4	b7—b5
20)	Sd4—e6	Ld7—e6:
21)	d5—e6: a)	a7—a6
22)	Dd1—h5	

Schwarz.

Weiss.

22)	....	Sa5—c6

	Weiss.	Schwarz.
23)	Tf1—f3	Sc6—e7
24)	f4—f5	Sg6—e5
25)	Tf3—h3	h7—h6
26)	Th3—g3	Kg8—h7
27)	Se1—f3	

Schwarz.

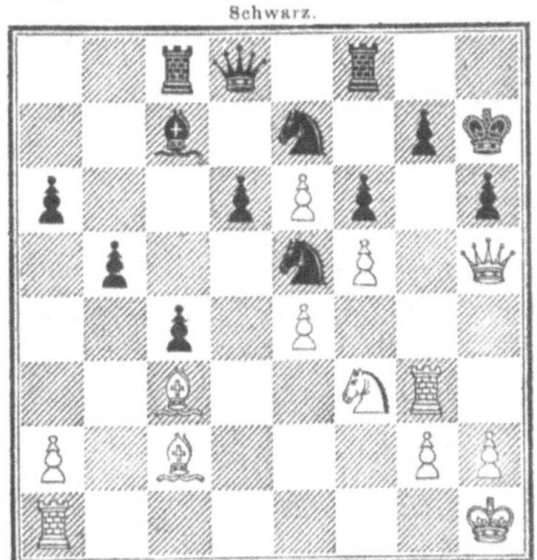

Weiss.

27)	....	Dd8—e8
28)	Dh5—h3	Lc7—b6
29)	Ta1—f1	Se5—f3: b)
30)	Tf1—f3:	Se7—g8
31)	Tg3—g6	

Schwarz.

Weiss.

31)	....	Lb6—c5 c)

	Weiss.	Schwarz.
32)	Lc3—d2	Dd8—e7
33)	Dh3—h4	Tf8—e8 d)
34)	Tf3—h3	De7—f8
35)	g2—g4	Lc5—d4
36)	e4—e5	Ld4—e5:
37)	g4—g5	
	(S. Diagramm).	
37)	....	f6—g5:
38)	f5—f6	Kh7—h8 e)
39)	Tg6—g7:	Df8—g7:
40)	f6—g7†	Aufgegeben.

Stellung nach dem 37. Zuge von Weiss.

---

a) Der Bauer e6 ist dem Schwarzen äusserst lästig, da er stets seine volle Aufmerksamkeit in Anspruch nimmt. Schon in früheren Partieen haben wir gesehen, wie schwer es für Schwarz ist, diesen Dorn von seinem Fleische abzuhalten.

b) Dieser Abtausch ist nicht vortheilhaft. Hätte Schwarz mit seinem Springer hartnäckig das Feld e5 besetzt gehalten, um auf Sf3 oder Lc3—e5: den Bauer d6 an seine Stelle zu befördern, so wäre es dem Gegner nicht möglich geworden, in der Mitte mit seinen Bauern durchzubrechen, und dem Läufer c2 eine entscheidende Angriffslinie gegen den König h7 zu öffnen.

c) Ein verlorenes Tempo. Es musste 31) .... Tc8—c7 geschehen. Weiss hätte zwar darauf seinen Angriffsplan nicht geändert, jedoch im 39. Zuge durch f6—f7 vorläufig nur den Gewinn eines leichten Offiziers gegen drei Bauern erzielt.

d) Zieht Schwarz 33) .... Tc8—c7, etwa um auf 34) Tf3—g3 sich die Dame zu erhalten, so gewinnt Weiss auf folgende Art:

	Weiss.	Schwarz.		Weiss.	Schwarz.
33)	....	Tc8—c7	38)	Dh4—h6†	De7—h7
34)	Tf3—h3	Tf8—c8 (!)	39)	Dh6—f6†	Kh8—g8
35)	Lc3—d2	Kh7—h8 (!)	40)	Th3—h7:	Tc7—h7:
36)	Ld2—h6:	g7—h6:	41)	e6—e7.	
37)	Tg6—h6†	Sg8—h6:			

e) Schwarz hat keinen bessern Zug.

33.

Springergambit.

	A. Anderssen. Weiss.	G. R. Neumann. Schwarz.
1)	e2—e4	e7—e5
2)	f2—f4	e5—f4:
3)	Sg1—f3	g7—g5
4)	Lf1—c4	Lf8—g7
5)	d2—d4	d7—d6
6)	h2—h4	h7—h6
7)	Dd1—d3	Sb8—c6
8)	h4—g5:	h6—g5:
9)	Th1—h8:	Lg7—h8:
10)	e4—e5	Lh8—g7
11)	Dd3—h7	Ke8—f8
12)	Sb1—c3	Sg8—h6
13)	Lc4—d3	Sc6—b4
14)	Ld3—e4	d6—d5 a)
15)	Le4—d3	g5—g4 b)
16)	Sf3—g1	Dd8—h4†
17)	Ke1—f1	Sb4—d3:
18)	Dh7—d3:	f4—f3

Schwarz.

Weiss.

19)	g2—f3:	g4—g3
20)	Lc1—e3 c)	Dh4—h1
21)	Dd3—e2	Lc8—h3†
22)	Kf1—e1	Sh6—f5
23)	Ke1—d2	c7—c5

	Weiss.	Schwarz.
24)	Sc3—d5:	c5—d4:
25)	Le3—g5	Ta8—e8
26)	Lg5—f6	Lg7—h6†
27)	Kd2—d3	Sf5—e3 d)

Schwarz.

Weiss.

28)	Kd3—d4:	Se3—d5:
29)	Kd4—d5:	Lh3—e6†
30)	Kd5—d4	Te8—c8
31)	b2—b3	Dh1—h5
32)	c2—c4	b7—b5 e)
33)	c4—c5	b5—b4
34)	a2—a3	Tc8—b8
35)	De2—a6 f)	

Schwarz.

Weiss.

	Weiss.	Schwarz.		Weiss.	Schwarz.
35)	. . . .	Dh5—h2 g)	39)	Ta1—d1	Kf8—g8
36)	Da6—e2	b4—a3:	40)	Td1—d8†	Lh6—f8†
37)	c5—c6	Tb8—b4†		Weiss giebt die Partie auf.	
38)	Kd4—c5	Tb4—b3:			

---

a) Dieser Zug ist von Weiss keineswegs übersehen, sondern beabsichtigt worden, damit er später auf b2—b3 den Damenläufer nach a3 mit Schach ziehen und so die Rochade beschleunigen könne.

b) Schwarz sucht dadurch, den in der vorigen Anmerkung angedeuteten Plan des Weissen zu verhindern.

c) Nimmt Weiss statt dessen den Bauer d5, so erlangt Schwarz durch 20) . . . . Lc8—h3† 21) Kf1—e2 Ta8—d8 eine schnelle Figurenentwickelung, die ihn in wenigen Zügen reichlich entschädigen würde.

d) Dadurch nöthigt Schwarz den weissen König auf die Mitte des Brettes zu gehen.

e) Durch diesen Zug wird die Rückkehr des weissen Königs in sein Spiel vereitelt.

f) Weiss droht durch 36) Da6—d6† den Thurm b8 zu erobern. — Der Leser mag die durch ein Diagramm veranschaulichte Position als Aufgabe benutzen, durch welchen Zug nun Schwarz gewinnen muss.

g) Weiss ist nun genöthigt die Dame wieder nach e2 zu ziehen, denn auf

	Weiss.	Schwarz.		Weiss.	Schwarz.
36)	Da6—d6†	Kf8—g8	38)	Db8—h8†	Kh7—g6
37)	Dd6—b8†	Kg8—h7	39)	Dh8—g8†	Kg6—h5

könnte er den schnellen Verlust nicht mehr vermeiden, z. B.

	Weiss.	Schwarz.		Weiss.	Schwarz.
40)	Ta1—d1	Dh2—b2†	42)	Kd3—e2	Dc3—e3†
41)	Kd4—d3	Db2—c3†	43)	Ke2—f1	De3—f2†.

34.

Spanische Partie.

	G. R. Neumann. Weiss.	A. Anderssen. Schwarz.		Weiss.	Schwarz.
1)	e2—e4	e7—e5	3)	Lf1—b5	Sg8—e7
2)	Sg1—f3	Sb8—c6	4)	0—0 a)	Se7—g6
			5)	d2—d4	Lf8—d6 b)

	Weiss.	Schwarz.
6)	d4—e5:	Sc6—e5:
7)	Sf3—e5:	Ld6—e5:
8)	f2—f4	c7—c6
9)	Lb5—c4	Le5—c7 c)
10)	Dd1—h5	

Schwarz.

Weiss.

10)	....	0—0 d)
11)	f4—f5	Sg6—e5
12)	Lc1—g5	Dd8—e8
13)	f5—f6	d7—d5
14)	f6—g7:	

Schwarz.

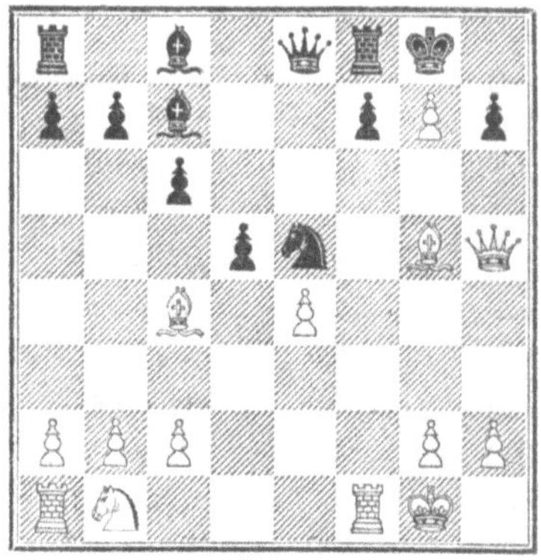

Weiss.

	Weiss.	Schwarz.
14)	....	d5—c4: e)
15)	Lg5—h6	Se5—g6
16)	Dh5—g5 f)	f7—f6 (?)
17)	g7—f8:D†	De8—f8:
18)	Tf1—f6:	Df8—e8
19)	Tf6—f8†	De8—f8:
20)	Lh6—f8:	Kg8—f8:
21)	Sb1—d2	Lc8—e6(?)
22)	Dg5—f6†	Le6—f7
23)	Ta1—f1	Aufgegeben.

---

a) Besser ist es, 4) d2—d4 zu ziehen und erst auf 4) .... e5—d4: zu rochiren.

b) Wir halten diese Vertheidigung für nicht gut, da sie dem Weissen eine zu schnelle Entwickelung gestattet.

c) Schwarz könnte hier mit 10) .... Dd8—b6 auf Eroberung des Bauern b2 spielen. Ob dies zu seinem Vortheile geschähe, wollen wir dahingestellt sein lassen.

d) Auf 10) .... d7—d6 würde Weiss durch 11) Lc4—f7† Ke8—f7: 12) f4—f5 und auf 10) .... Dd8—h4 durch 11) Dh5—h4: Sg6—h4: 12) f4—f5 nebst g2—g3 in Vortheil kommen. Am besten scheint für Schwarz 10) .... Dd8—e7.

e) Wollte Schwarz den Bauer g7 nehmen, so würde Weiss in 3 Zügen matt setzen.

f) Schwarz ist nun in Gefahr seine Dame zu verlieren. Um dieses zu vermeiden, zöge er wohl am besten 16) .... Lc7—d8.

35.

Spanische Partie.

	G. R. Neumann. Weiss.	A. Anderssen. Schwarz.
1)	e2—e4	e7—e5
2)	Sg1—f3	Sb8—c6
3)	Lf1—b5	Sg8—e7
4)	0—0 (?)	d7—d6
5)	d2—d4	Lc8—d7
6)	Sb1—c3	Se7—g6
7)	Lc1—e3	Lf8—e7
8)	Sc3—e2(?)	0—0
9)	d4—d5	Sc6—b8
10)	Lb5—d3	Le7—f6
11)	Se2—g3	Sg6—f4 a)

Schwarz.

Weiss.

12)	Le3—f4:	e5—f4:
13)	Sg3—e2	g7—g5
14)	Sf3—e1	Ld7—c8
15)	Ta1—b1	Sb8—d7
16)	c2—c4	Sd7—e5
17)	f2—f3	c7—c5
18)	b2—b3	Kg8—h8
19)	g2—g4	Tf8—g8
20)	Ld3—c2	h7—h5,
21)	h2—h3	Dd8—f8
22)	Se1—d3	Df8—h6
23)	Sd3—e5:	Lf6—e5:

	Weiss.	Schwarz.
24)	Kg1—g2	Lc8—d7
25)	b3—b4	Tg8—g7
26)	b4—c5:	d6—c5:

Schwarz.

Weiss.

27)	Tf1—h1 b)	b7—b6
28)	Lc2—a4	Ld7—c8
29)	La4—c6	Ta8—b8
30)	Dd1—a4	a7—a6
31)	Da4—b3	Tg7—h7
32)	a2—a4	Dh6—g6
33)	a4—a5	

Schwarz.

Weiss.

33)		b6—a5: c)

	Weiss.	Schwarz.
34)	Db3—b8:	Le5—b8:
35)	Tb1—b8:	Dg6—f6
36)	Tb8—c8†	Kh8—g7
37)	Tc8—b8	a5—a4

(S. Diagramm.)

38)	Lc6—a4: d)	h5—g4:
39)	La4—c2	g4—f3†
40)	Kg2—f3:	g6—g5†
41)	Kf3—g4:	Df6—e5
42)	Tb8—b1	De5—h5†
43)	Kg4—f4:	Dh5—e2:
44)	Tb1—g1†	Kg7—f8
45)	Tb1—b8†	Kf8—e7

Stellung nach dem 37. Zuge von Schwarz.

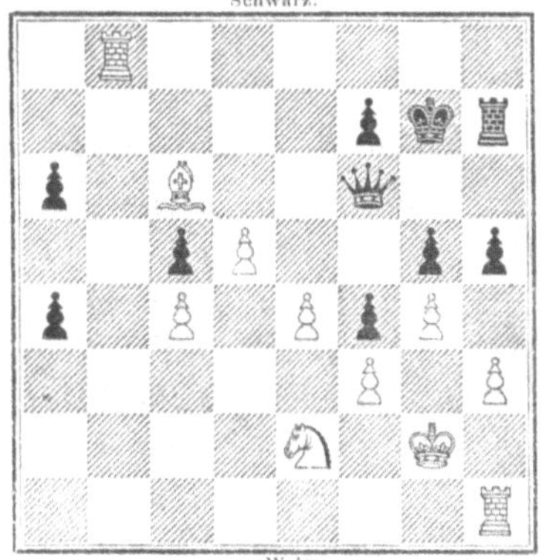

46) Tb8—b7† Ke7—d6

Weiss giebt die Partie auf.

---

a) Ein guter Zug, durch den Schwarz mehr Terrain gewinnt.

b) Nimmt Weiss den Bauer, so gewinnt ihn Schwarz mit trefflicher Stellung zurück.

	Weiss.	Schwarz.
27)	Tb1—b7:	h5—g4:
28)	h3—g4:	Ld7—g4:

(S. Diagramm.)

29) Tf1—h1

Auf 29) f3—g4: würde Schwarz durch 29) . . . . Tg7—h7 30) Tf1—h1 f4—f3† gewinnen.

29) . . . . Lg4—h5.

c) Eine weit berechnete Combination! Schwarz giebt einen Thurm und beide Läufer für die Dame, um durch den freien a-Bauer die Partie zu entscheiden.

d) Man versuche andere Züge und man wird sich überzeugen, dass das weisse Spiel nicht mehr zu halten ist.

36.
Evans-Gambit.

G. R. Neumann. — **A. Anderssen.**

	Weiss.	Schwarz.
1)	e2—e4	e7—e5
2)	Sg1—f3	Sb8—c6
3)	Lf1—c4	Lf8—c5
4)	b2—b4	Lc5—b4:
5)	c2—c3	Lb4—c5
6)	0—0	d7—d6
7)	d2—d4	e5—d4:
8)	c3—d4:	Lc5—b6
9)	d4—d5	Sc6—a5
10)	Lc1—b2	Sg8—e7
11)	Lc4—d3	0—0
12)	Sb1—c3	Se7—g6
13)	Sc3—e2	c7—c5
14)	Dd1—d2	f7—f6
15)	Sf3—e1	Lc8—d7
16)	Kg1—h1	a7—a6
17)	f2—f4	Ld7—b5

Schwarz.

Weiss.

18)	f4—f5 a)	Sg6—e5
19)	Lb2—e5:	f6—e5:
20)	Tf1—f3	Ta8—c8
21)	Tf3—h3	c5—c4
22)	Ld3—c2	c4—c3 b)

	Weiss.	Schwarz.
23)	Se2—c3:	Sa5—c4
24)	Dd2—e2	Dd8—c7
25)	Sc3—b5:	a6—b5:
26)	Lc2—d3	Dc7—c5

Schwarz.

Weiss.

27)	Se1—c2 c)	Sc4—b2
28)	Ta1—c1	Sb2—d3:
29)	Th3—d3:	Tc8—c7
30)	Td3—g3	Dc5—f2
31)	De2—d3	Tf8—c8

Schwarz.

Weiss.

Weiss giebt die Partie auf.

a) Eine Uebereilung, wodurch Weiss sein Spiel verdirbt! Es musste zunächst Ta1—c1 geschehen.

b) Durch dieses Opfer erlangt Schwarz den Angriff.

c) Diesem Zuge ist der Verlust des weissen Spieles zuzuschreiben. Richtig wäre Se1—f3.

87.

Springergambit.

	A. Anderssen. Weiss.	G. R. Neumann. Schwarz.
1)	e2—e4	e7—e5
2)	f2—f4	e5—f4:
3)	Sg1—f3	g7—g5
4)	Lf1—c4	Lf8—g7
5)	d2—d4	d7—d6
6)	h2—h4	h7—h6
7)	Sb1—c3	Sb8—c6
8)	h4—g5:	h6—g5:
9)	Th1—h8:	Lg7—h8:
10)	Dd1—d3 a)	Sc6—b4

Schwarz.

Weiss.

11)	Lc4—f7‡ b)	Ke8—f7:
12)	Dd3—c4†	Lc8—e6
13)	d4—d5 c)	Le6—d7

	Weiss.	Schwarz.
14)	Dc4—b4:	g5—g4
15)	Sf3—g1 d)	Dd8—h4†
16)	Ke1—f1	f4—f3
17)	Lc1—e3	Dh4—g3

Schwarz.

Weiss.

18)	g2—f3:	g4—f3:
19)	Ta1—d1	Dg3—g2†
20)	Kf1—e1	Lh8—e5
21)	Le3—f2	Le5—g3
22)	Lf2—g3:	Dg2—g1‡
23)	Ke1—d2	De1—g3:
24)	Kd2—c1	Dg3—f4†
25)	Kc1—b1	f3—f2
26)	Db4—c4	Sg8—f6

Weiss giebt die Partie auf.

a) Dieser Zug erscheint nun verspätet.

b) Weiss gewinnt zwar den geopferten Bauer zurück, entfernt jedoch seine Dame zu sehr aus dem Spiele.

c) Hierdurch wird dem schwarzen Königsläufer das Feld e5 geöffnet, was im 20. Zuge für Weiss ein entscheidender Nachtheil wird. Gleichwohl wäre es für Weiss nicht gerathen gewesen, den Springer sofort zu nehmen.

Die Fortsetzung wäre dann:

	Weiss.	Schwarz.		Weiss.	Schwarz.
13)	Dc4—b4:	g5—g4	16)	Db4—b7:	Lh8—d4:
14)	Sf3—g1	Dd8—h4†	17)	Db7—c7‡	Sg8—e7
15)	Ke1—f1	a7—a5		und Schwarz gewinnt in wenigen Zügen.	

d) Weiss könnte hier mit 15) Lc1—f4: g4—f3: 16) 0—0—0 fortfahren. Wir glauben jedoch, dass er auf 17) .... f3—g2: gegen den Mehrbesitz eines Offiziers und gegen einen weit vorgerückten und wohl zuvertheidigenden Bauer des Gegners keinen Angriff durchzuführen vermag.

38.

Russisches Springerspiel.

	A. Anderssen. Weiss.	S. v. Guretzky-Cornitz. Schwarz.
1)	e2—e4	e7—e5
2)	Sg1—f3	Sg8—f6 a)
3)	Sf3—e5:	d7—d6
4)	Se5—f3	Sf6—e4:
5)	d2—d4	d6—d5
6)	Lf1—d3	Sb8—c6
7)	0—0	Lf8—e7
8)	c2—c4	Lc8—e6
	(S. Diagramm.)	
9)	c4—d5:	Le6—d5:
10)	Sb1—c3	f7—f5 b)
11)	Dd1—e2 c)	Se4—c3:
12)	b2—c3:	0—0
13)	Ta1—b1	Dd8—d7

Stellung nach dem 8. Zuge von Schwarz

14) Ld3—c4 d)

(S. Diagramm).

14) .... Kg8—h8

Stellung nach dem 14. Zuge von Weiss.

Schwarz.

Weiss.

	Weiss.	Schwarz.
15)	Lc4—d5:	Dd7—d5:
16)	Tb1—b7:	Le7—d6
17)	Tb7—b5	Dd5—f7
18)	Sf3—g5	Df7—g6
19)	f2—f4	Ta8—e8
20)	De2—c4	Sc6—d8

	Weiss.	Schwarz.
21)	Sg5—f3	a7—a6
22)	Tb5—b1	Te8—e4

Schwarz.

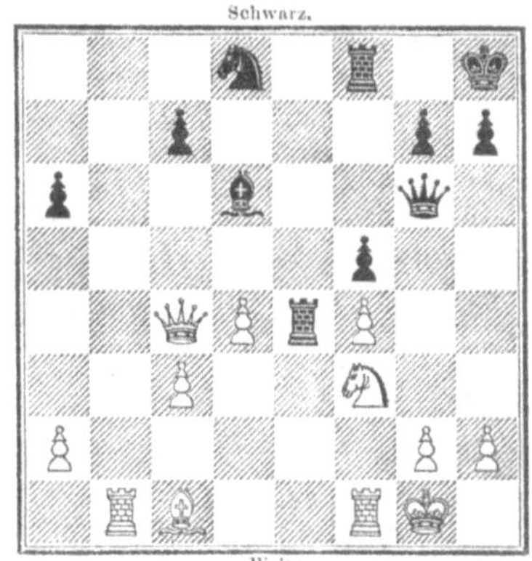

Weiss.

23)	Dc4—a6: e)	Sd8—e6
24)	Sf3—e5	Dg6—h5
25)	Lc1—a3	Te4—f4:
26)	La3—d6:	c7—d6:
27)	Da6—d6:	Aufgegeben.

---

a) Diese Partie beweist, dass das russische Springerspiel eine unzureichende Vertheidigung abgiebt. Freilich wird hier der Angriff mit voller Meisterschaft geführt, worauf wir ausdrücklich aufmerksam machen.

b) Das Aufziehen dieses Bauern, der allerdings nach der Rochade des Schwarzen durch seinen Königsthurm unterstützt wird, ist nur scheinbar günstig. Man vergleiche den 14. Zug des Weissen, in welchem er, Dank dieses Zuges, ein Tempo gewinnt. Uebrigens hat Weiss bereits die bessere Stellung.

c) Dadurch wird Schwarz gezwungen die Springer abzutauschen, wodurch Weiss eine bessere Bauernstellung erlangt.

d) Wir verweisen auf unsere Anmerkung zum 10. Zuge von Schwarz.

e) Weiss lässt auch den kleinsten ihm gebotenen Vortheil nicht ausser Acht. Anstatt den angegriffenen Bauer f4 zu decken, schlägt er den Bauer a6, um auf Ld6—f4: durch den Damentausch dem Schwarzen einen Doppelbauer zu machen.

39.

Evans-Gambit.

	v. Knorre.	A. Anderssen.
	Weiss.	Schwarz.
1)	e2—e4	e7—e5
2)	Sg1—f3	Sb8—c6
3)	Lf1—c4	Lf8—c5
4)	b2—b4	Lc5—b4:
5)	c2—c3	Lb4—c5:
6)	0—0	d7—d6
7)	d2—d4	e5—d4:
8)	c3—d4:	Lc5—b6
9)	Sb1—c3	Sc6—a5
10)	Lc4—d3	Sg8—e7
11)	Lc1—b2	0—0
12)	d4—d5	Se7—g6
13)	Sc3—e2	c7—c5
14)	Ta1—c1	Lc8—d7
15)	Sf3—e1	a7—a6
16)	Dd1—d2	f7—f6
17)	Kg1—h1	Lb6—c7
18)	f2—f4	b7—b5
19)	Se1—f3	b5—b4

Schwarz.

Weiss.

20)	f4—f5	Sg6—e5
21)	Lb2—e5:	f6—e5:
22)	Sf3—g5	Lc7—b6
23)	Tf1—f3	b4—b3

Schwarz.

Weiss.

	Weiss.	Schwarz.
24)	Tc1—f1	b3—a2:
25)	Sg5—e6	Ld7—e6:
26)	d5—e6:	c5—c4 a)
27)	Dd2—a2:	Dd8—c7
28)	Tf1—c1	Tf8—c8
29)	Ld3—c4:	Lb6—d4 b)

Schwarz.

Weiss.

30)	c6—e7†	Sa5—c4: c)
31)	Se2—d4: d)	e5—d4:
32)	Tc1—c4:	Kg8—h8 e)
33)	e7—e8D†	Aufgegeben.

a) Am besten wäre hier wohl Kg8—h8; denn in Folge des Zuges 26) c5—c4 gewinnt Weiss mindestens zwei Bauern wieder, ohne dabei die schlechtere Stellung zu bekommen.

b) Schwarz beabsichtigt im nächsten Zuge den Läufer mit dem Springer zu nehmen und will Tf3—c3 verhüten.

c) Wollte Schwarz statt dessen mit dem Könige nach h8 entweichen, so würde Weiss durch 31) e7—e8D† Tc8—e8: 32) Lc4—d5 das bessere Spiel erlangen.

d) Dieser Zug ist überflüssig, da Weiss schon jetzt durch 31) Tc1—c4: die Partie zu seinen Gunsten entscheiden konnte.

e) Auf 32) . . . . Dc7—c4: würde Weiss durch 33) e7—e8D† ebenfalls die Dame erobern.

40.

Evans-Gambit.

	V. Knorre. Weiss.	A. Anderssen. Schwarz.
1)	e2—e4	e7—e5
2)	Sg1—f3	Sb8—c6
3)	Lf1—c4	Lf8—c5
4)	b2—b4	Lc5—b4:
5)	c2—c3	Lb4—c5
6)	0—0	d7—d6
7)	d2—d4	e5—d4:
8)	c3—d4:	Lc5—b6
9)	Sb1—c3	Sg8—e7 a)

(S. Diagramm.)

10)	Sf3—g5	d6—d5
11)	Sc3—d5: b)	Lb6—d4:
12)	Sd5—e7:	Dd8—e7: c)
13)	Lc4—f7†	Ke8—f8
14)	Dd1—a4	Sc6—b4
15)	Ta1—b1	c7—c5
16)	Lc1—e3	Lc8—d7
17)	Da4—b3	Sb4—c6

Stellung nach dem 9. Zuge von Schwarz.

Schwarz.

Weiss.

	Weiss.	Schwarz.
18)	Db3—b7:	Ta8—d8 d)
19)	Lf7—d5	Sc6—e5
20)	Kg1—h1	h7—h6
21)	Le3—d4: e)	h6—g5:
22)	f2—f4	

Schwarz.

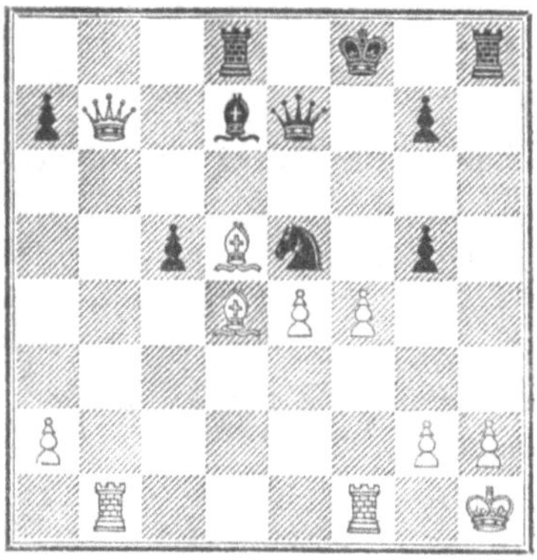

Weiss.

	Weiss.	Schwarz.
22)	. . . .	Se5 —f3
23)	Ld4—g1	Sf3—d2
24)	f4—g5:	Sd2—f1╪
25)	Tb1—f1╪	Kf8—e8
26)	g5—g6	De7—d6

	Weiss.	Schwarz.
27)	Ld5—f7† f)	Ke8—e7

Schwarz.

Weiss.

28)	Db7—a7:	Td8—a8
29)	Da7—c5:	Th8—h2╪

Weiss giebt die Partie auf.

---

a) Schwarz versäumt hier den richtigen Zug 9) . . . . Sc6—a5.

b) Stärker als 11) e4—d5:, worauf der Springer nach a5 gehen würde.

c) Auf 12) . . . . Ld4—a1: würde Schwarz die Partie nicht mehr halten können. Die entscheidende Fortsetzung wäre dann:

	Weiss.	Schwarz.
	A.	
13)	Lc4—f7╪	Ke8—f8
14)	Lc1—a3 und gewinnt.	
	B.	
13)	Lc4—f7╪	Ke8—e7:
14)	Lc1—a3†	Ke7—f6
15)	Dd1—f3†	Kf6—g5:
16)	h2—h4†	beliebig.
17)	Df3—h5╪	

	Weiss.	Schwarz.
	a.	
15)	. . . .	Kf6—e5
16)	Df3—g3†	Ke5—f6
17)	Dg3—f4†	Lc8—f5
15)	Df4—f5╪	
	oder:	
16)	. . . .	Ke5—d4
17)	Tf1—d1╪.	

d) Auf 18) . . . . Ta8—b8 würde Weiss durch

	Weiss.	Schwarz.
19)	Db7—b8╪	Sc6—b8:
20)	Tb1—b8╪	Lc7—e8

	Weiss.	Schwarz.
21)	Tb8—e8╪	De7—e8:
22)	Lf7—e8:	

eine Figur gewinnen.

e) Consequenter und besser wäre 21) f2—f4 gewesen; man beachte die Fortsetzung:

	Weiss.	Schwarz.
	A.	
21)	f2—f4	Ld4—e3:
22)	f4—e5‡	Kf8—e8
23)	Ld5—f7†	Ke8—f8
24)	Lf7—g6†	Kf8—g8
25)	Db7—b3† und gewinut.	
	B.	
21)	f2—f4	h6—g5:
22)	f4—e5‡	Kf8—e8
23)	Ld5—f7†	Ke8—f8
24)	Le3—d4:	c5—d4:
25)	e5—e6	Ld7—c8
26)	Lf7—g6† und gewinnt.	
	a.	
23)	....	De7—f7:
24)	Tf1—f7:	Ke8—f7:
25)	Db7—d5†	Kf7—e8
26)	Le3—g5:	Td8—c8

	Weiss.	Schwarz
27)	e5—e6	Ld7—c6
28)	Dd5—c6‡ und gewinnt.	
	oder:	
25)	....	Kf7—g6
26)	e5—e6	Ld4—e3:
27)	Dd5—f5†	Kg6—h6
28)	e6—d7:	Le3—d4
29)	Tb1—b3	g7—g6
30)	Tb3—h3†	Kh6—g7
31)	Th3—h8:	
	C.	
21)	f2—f4	Se5—f3
22)	Sg5—f3:	Ld4—e3:
23)	Sf3—e5	De7—d6
24)	Sc5—c4 und gewinnt.	
	oder:	
23)	....	De7—e8
24)	Ld5—f7 und gewinnt.	

f) Zog Weiss statt dessen 27) Db7—b2, so hatte er immer noch Aussicht auf Gewinn.

41.

Läufergambit.

	C. Mayet. Weiss.	A. Anderssen. Schwarz.
1)	e2—e4	e7—e5
2)	f2—f4	e5—f4:
3)	Lf1—c4	d7—d5
4)	e4—d5:	Lf8—d6 a)
5)	Sg1—f3	Sg8—e7
6)	0—0	Sb8—d7
7)	Sb1—c3	Sd7—f6
8)	a2—a3 (?)	h7—h6 b)
9)	d2—d4	g7—g5
	(S. Diagramm.)	
10)	Sf3—e5	a7—a6

Stellung nach dem 9. Zuge von Schwarz.

Schwarz.

Weiss.

	Weiss.	Schwarz.		Weiss.	Schwarz.
11)	g2—g3	Lc8—h3	18)	Dh5—f3	Se7—f5
12)	Tf1—f2	Ld6—e5:	19)	Lf4—g3	Dd8—d7
13)	d4—e5:	Sf6—g4	20)	Ta1—e1	

Schwarz.

Weiss.

Schwarz.

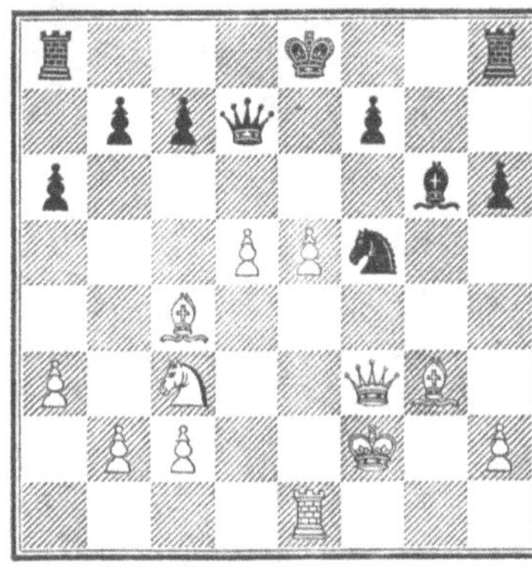

Weiss.

14)	g3—f4: c)	Sg4—f2:	20)	. . . .	0—0—0 e)
15)	Kg1—f2:	g5—f4:	21)	Lc4—a6: (!)	b7—a6:
16)	Dd1—h5	Lh3—f5	22)	e5—e6	Dd7—e8
17)	Lc1—f4: d)	Lf5—g6	23)	d5—d6	Aufgegeben.

---

a) Anderssen pflegt sonst stets an dieser Stelle mit der Dame auf h4 Schach zu bieten.

b) Besser wäre 8) . . . . 0—0 nebst Se7—g6.

c) Weiss ist zu diesem Zuge gezwungen. Indess wird er für den Verlust der Qualität durch eine gute Stellung entschädigt.

d) Am Besten! Das Vorrücken eines der Mittelbauern wäre verfrüht.

e) Zöge Schwarz statt dessen 20) Sf5—g3:, um auf h2—g3: durch Dd7—f5 den Damentausch zu erzwingen, so würde Weiss am besten das Spiel mit 21) . . . . e5—e6 fortsetzen.

42.

Evans-Gambit.

	A. Anderssen.	V. Knorre.
	Weiss.	Schwarz.
1)	e2—e4	e7—e5
2)	Sg1—f3	Sb8—c6
3)	Lf1—c4	Lf8—c5
4)	b2—b4	Lc5—b4:
5)	c2—c3	Lb4—c5
6)	0—0	d7—d6
7)	d2—d4	e5—d4:
8)	c3—d4:	Lc5—b6
9)	d4—d5	Sc6—a5
10)	Lc1—b2	Sg8—e7
11)	Lc4—d3	0—0
12)	Sb1—c3	Se7—g6
13)	Sc3—e2	c7—c5
14)	Se2—g3	f7—f6
15)	Dd1—d2	Lc8—d7
16)	Kg1—h1	Ta8—c8
17)	Sg3—f5	

Schwarz.

Weiss.

17)	. . . .	Lb6—c7 a)
18)	g2—g4	b7—b5
19)	Tf1—g1	Sg6—e5
20)	Sf3—e5:	f6—e5:
21)	f2—f4	

Schwarz.

Weiss.

	Weiss.	Schwarz.
21)	. . . .	Sa5—b7
22)	f4—e5:	d6—e5:
23)	Ta1—f1	

Schwarz.

Weiss.

23)	. . . .	c5—c4
24)	Ld3—c2	Lc7—a5
25)	Dd2—d1	c4—c3
26)	Lb2—c1	La5—b6
27)	Tg1—g2	g7—g6
	(S. Diagramm.)	
28)	Tf1—f3	Kg8—h8 b)
29)	Tf3—h3	g6—f5:
30)	g4—f5:	Dd8—e7

Stellung nach dem 27. Zuge von Schwarz.

Schwarz.

Weiss.

	Weiss.	Schwarz.
31)	d5—d6	Sb7—d6: c)
32)	Lc1—g5	De7—f7
33)	Dd1—d6:	Lb6—d4

Schwarz.

Weiss.

34)	Th3—h7†	Aufgegeben.

---

a) Hier ist nach unserer Ansicht der Keim zu dem Untergange des Schwarzen zu suchen. Denn im ferneren Verlaufe der Partie wird man schwerlich für ihn Züge anzugeben wissen, wodurch er sein Spiel wesentlich verbessern könnte. Dagegen liesse sich durch die Fortsetzung:

	Weiss.	Schwarz.		Weiss.	Schwarz.
17)	....	Ld7—f5:	durch 21)	Ld3—c4 die Dame zu erobern.	
18)	e4—f5:	Sg6—e5			
19)	Sf3—e5:	d6—e5:	20)	....	Kg8—h8
20)	Ta1—c1		21)	Ld3—e4	Sa5—c6
Um auf 20)	....	Dd8—d5:	22)	f2—f4	Sc6—d4

gewiss eine gute Vertheidigung anstreben.

b) Auf 28) .... g6—f5: 29) g4—f5† ist Schwarz genöthigt, seinen König nach h8 oder nach f7 zu ziehen. Im ersten Falle kann Weiss dieselbe Position wie in der Partie einnehmen; im andern würde das Spiel folgenden Verlauf nehmen:

	Weiss.	Schwarz.		Weiss.	Schwarz.
28)	....	g6—f5:	32)	Dd1—h5†	Kf7—e7
29)	g4—f5†	Kg8—f7	33)	Lc1—g5†	Tf8—f6
30)	Tf3—h3	Dd8—c7	34)	Dh5—h7†	Ke7—e8
31)	d5—d6	Dc7—d6:	35)	Lg5—f6: und gewinnt.	

c) Auf 31) .... De7—d6: würde Matt in 3 Zügen folgen.

43.

Kiseritzky-Gambit.

	A. Anderssen. Weiss.	E. Schallopp. Schwarz.
1)	e2—e4	e7—e5
2)	f2—f4	e5—f4:
3)	Sg1—f3	g7—g5
4)	h2—h4	g5—g4
5)	Sf3—e5	Lf8—g7
6)	Se5—g4:	d7—d5
7)	Sg4—f2	d5—e4:
8)	Sf2—e4:	Sg8—f6
9)	Sb1—c3	0—0
10)	d2—d3	Tf8—e8
11)	Lf1—e2	Sf6—d5
12)	Sc3—d5:	Dd8—d5:
13)	Lc1—f4:	f7—f5(?)
14)	Se4—c3	
	(S. Diagramm.)	
14)	....	Dd5—g2: a)
15)	Ke1—d2	Sb8—c6
16)	Th1—g1	Dg2—f2
17)	Sc3—d5	Sc6—d4
18)	Tg1—g7†	Kg8—g7:
19)	Dd1—g1†	Df2—g1:
20)	Ta1—g1†	Kg7—h8
21)	Le2—h5	
	(S. Diagramm.)	

Schwarz giebt die Partie auf.

Stellung nach dem 14. Zuge von Weiss.

Schwarz.

Weiss.

Stellung nach dem 21. Zuge von Weiss.

Schwarz.

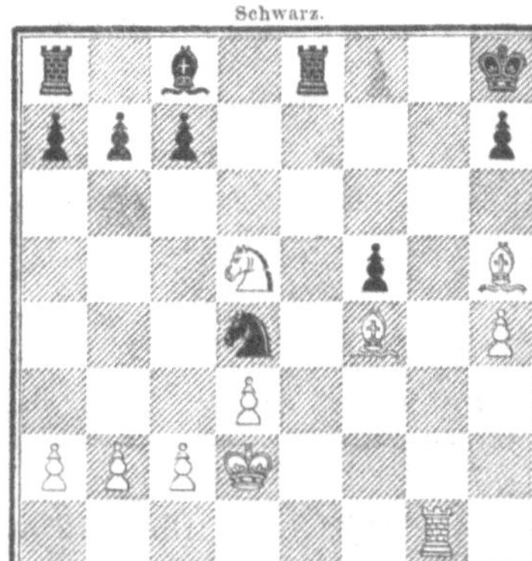

Weiss.

---

a) Schwarz hätte diesen Bauer nicht nehmen sollen, da nun Weiss für seine Thürme eine Angriffslinie gegen die feindliche Rochadestellung erlangt.

44.

Wiener Partie.

(Hampes Spieleröffnung.)

B. v. Guretzky-Cornitz. Weiss.	A. Anderssen. Schwarz.
1) e2—e4	e7—e5
2) Sb1—c3	Lf8—c5
3) f2—f4	d7—d6
4) Sg1—f3	Sg8—f6
5) d2—d4 a)	e5—d4:
6) Sf3—d4:	0—0
7) Lc1—e3	Tf8—e8
8) Lf1—d3	Sf6—g4
9) Le3—g1	c7—c6 b)
10) Dd1—f3	Dd8—b6

Schwarz.

Weiss.

11) Sc3—e2	Db6—b2:
12) Ta1—d1	Db2—a2:
13) h2—h3	Sg4—f6
14) g2—g4	Da2—a5†
15) Ke1—f1	Da5—d8
16) g4—g5	Sf5—d7
17) Sd4—f5	Lc5—g1:
18) Th1—g1:	Sd7—f8

(S. Diagramm.)

19) Sf5—h6†	g7—h6:
20) g5—h6†	Sf8—g6 c)

Stellung nach dem 18. Zuge von Schwarz.

Schwarz.

Weiss.

Weiss.	Schwarz.
21) f4—f5	Dd8—h4
22) Se2—f4	Dh4—h6:
23) Ld3—c4	

Schwarz.

Weiss.

23)	d6—d5
24) f5—g6:	f7—g6: d)
25) e4—d5:	Te8—f8
26) d5—c6†	Kg8—h8
27) c6—b7:	Lc8—b7:

	Weiss.	Schwarz.		Weiss.	Schwarz.
28)	Df3—c3† e)	Dh6—g7	31)	Td4—d7†	Kg7—h8
29)	Dc3—g7‡	Kh8—g7:	32)	Lc4—f7	Lb7—a6†
30)	Td1—d4	Sb8—c6		Weiss giebt die Partie auf.	

---

a) Nicht zu empfehlen! Weiss verliert in Folge dieses Zuges mindestens die Rochade.

b) Am stärksten wäre wohl 9) . . . . f7—f5.

c) Ginge der König nach h8, so würde Weiss durch Df3—g3 den Zug Sf8—g6 erzwingen.

d) Zieht Schwarz statt dessen 24) . . . . d5—c4:, so würde folgen:

	Weiss.	Schwarz.		Weiss.	Schwarz.
25)	g6—f7‡	Kg8—f7:		oder:	
26)	Sf4—g6†	Kf7—e6	26)	. . . .	Kf7—g7 (g8)
27)	Df3—f5‡		27)	Sg6—e7†	Kg7—h8
			28)	Df3—c3†.	

e) Auf 28) Df3—b7: würde Schwarz sein Uebergewicht durch 28) . . . . Dh6—f4‡ 29) Kf1—g2 Sb8—c6 30) Db7—c6: Ta8—c8 behaupten.

45.

Wiener Partie.

(Hampes Spieleröffnung.)

	G. v. Gurezky-Cornitz. Weiss.	A. Anderssen. Schwarz.
1)	e2—e4	e7—e5
2)	Sb1—c3	Lf8—c5
3)	f2—f4	d7—d6
4)	Sg1—f3	Sg8—f6
5)	Lf1—c4	0—0
6)	d2—d3	Sb8—c6
7)	f4—f5	Tf8—e8
8)	Lc1—g5	
	(S. Diagramm.)	
8)	. . . .	a7—a6
9)	Sc3—d5	b7—b5
10)	Lc4—b3	Sc6—a5
11)	Sd5—f6‡	g7—f6:

Stellung nach dem 8. Zuge von Weiss.

Schwarz.

Weiss.

12) Lg5—h6 Sa5—b3:

	Weiss.	Schwarz.
13)	Sf3—h4 a)	Kg8—h8
14)	Dd1—h5	Dd8—e7 b)
15)	a2—b3:	Te8—g8
16)	Th1—f1	

(S. Diagramm.)

16)	....	d6—d5
17)	Tf1—f3	d5—e4:
18)	Tf3—h3	e4—d3: c)
19)	Lh6—f8	d3—d2†
20)	Ke1—e2	Lc8—f5:
21)	Sh4—f5:	Aufgegeben.

Stellung nach dem 16. Zuge von Weiss.

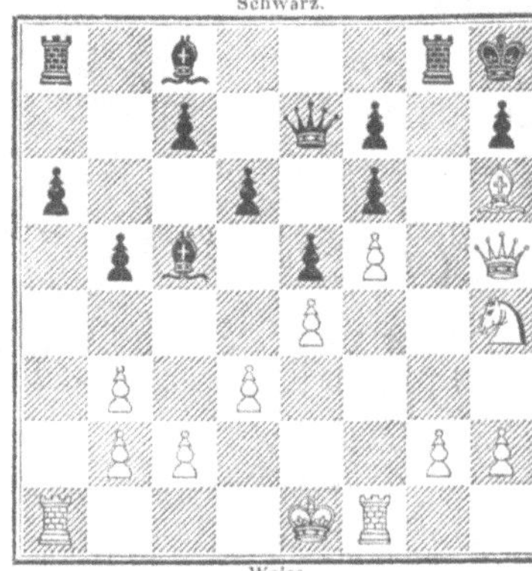

a) Den anscheinend starken Zug 13) Sf3—e5: würde 13) .... Lc8—f5: widerlegen.

b) Auf 14) .... Sb3—a1: würde folgen:

	Weiss.	Schwarz.		Weiss.	Schwarz.
15)	Dh5—f7:	Te8—g8	18)	Lh6—g7†	Tg8—g7:
16)	Sh4—g6†	h7—g6:	19)	Df7—f8†	Tg7—g8
17)	f5—g6:	Dd8—d7	20)	Df8—h6† u. s. w.	

c) Ein Fehler, der die Partie kostet. Auf 18) .... Lc8—b7 könnte Weiss nur Remis erzwingen:

	Weiss.	Schwarz.		Weiss.	Schwarz.
19)	Lh6—f8	Ta8—f8:	21)	Sh4—f3†	Kh7—g7
20)	Dh5—h7†	Kh8—h7:	22)	Th3—g3† u. s. w.	

46.

Evans-Gambit.

	A. Anderssen. Weiss.	G. R. Neumann. Schwarz.		Weiss.	Schwarz.
1)	e2—e4	e7—e5	9)	d4—d5	Sc6—a5
2)	Sg1—f3	Sb8—c6	10)	Lc1—b2	Sg8—e7
3)	Lf1—c4	Lf8—c5	11)	Lc4—d3	0—0
4)	b2—b4	Lc5—b4:	12)	Sb1—c3	Se7—g6
5)	c2—c3	Lb4—c5	13)	Sc3—e2	c7—c5
6)	0—0	d7—d6	14)	Kg1—h1	Lb6—c7
7)	d2—d4	e5—d4:	15)	Sf3—e1	f7—f6
8)	c3—d4:	Lc5—b6	16)	f2—f4	a7—a6
			17)	Se1—f3	b7—b5

	Weiss.	Schwarz.
18)	h2—h4	

18)	. . . .	Lc8—g4
19)	f4—f5	Sg6—e5
20)	Se2—f4	Lg4—f3: (?) a)
21)	g2—f3:	Tf8—f7
22)	Sf4—e6	Dd8—e7
23)	Tf1—g1	Lc7—b6
24)	Lb2—e5:	d6—e5:
25)	Tg1—g4	c5—c4
26)	Ld3—c2	De7—d6
27)	Dd1—d2	

(S. Diagramm.)

27)	. . . .	Kg8—h8 b)
28)	Ta1—f1	b5—b4
29)	h4—h5	c4—c3
30)	Dd2—g2	Sa5—c4
31)	Tg4—g7:	Sc4—e3

(S. Diagramm.)

32)	Tg7—f7:	Se3—g2:
33)	Kh1—g2:	Ta8—g8†

Stellung nach dem 27. Zuge von Weiss.

Stellung nach dem 31. Zuge von Schwarz.

	Weiss.	Schwarz.
34)	Kg2—h3	Lb6—d8
35)	h5—h6	a6—a5
36)	Tf1—f2	Dh6—a6
37)	Tf7—g7	Tg8—e8(?)
38)	Lc2—a4	Aufgegeben.

---

a) Durch diesen Abtausch wird die Entwickelung des Weissen befördert und seinen Thürmen die g-Linie geöffnet.

b) Richtig wäre 27) . . . . Dd6—d7.

47.

Evans-Gambit.

G. R. Neumann.	A. Anderssen.
Weiss.	Schwarz.
1) e2—e4	e7—e5
2) Sg1—f3	Sb8—c6
3) Lf1—c4	Lf8—c5
4) b2—b4	Lc5—b4:
5) c2—c3	Lb4—a5 a)
6) d2—d4	e5—d4:
7) 0—0	d4—c3: b)
8) Dd1—b3	

8)	Dd8—f6 c)
9) e4—e5	Df6—g6 d)
10) Sb1—c3:	

(S. Diagramm.)

10)	La5—c3: e)
11) Db3—c3:	Sc6—d8
12) Lc1—a3	Sg8—h6
13) Tf1—e1	b7—b6

Stellung nach dem 10. Zuge von Weiss.

Weiss.	Schwarz.
14) Lc4—d5	Lc8—b7
15) e5—e6	

und Weiss gewinnt. f)

---

a) Dieser Zug ist ebenso gut als 5) .... Lb4—c5; nur muss Schwarz im 7. Zuge das Spiel mit La5—b6 fortsetzen.

b) Diese Vertheidigung gilt für nicht gut. Aus dieser kurzen Partie kann man ersehen, wie heftig der Angriff des weissen Spieles ist.

c) Besser als 8) .... Dd8—e7, worauf Weiss folgendermassen fortfahren kann:

Weiss.	Schwarz.
9) Sb1—c3:	La5—c3:
10) Db3—c3:	f7—f6
11) Lc1—a3	d7—d6
12) Tf1—e1	

Um 13) e4—e5 vorzubereiten.

12)	Sc6—e5
13) Sf3—e5:	De7—e5:

Auf 13) . . . . f6—e5: folgt 18) f2—f4, worauf 14) . . . . e5—f4: wegen 15) e4—e5 nicht geschehen darf.

14) Dc3—b3	Sg8—h6

15) Ta1—d1 und Weiss entwickelt sich vortrefflich.

oder:

10)	Sg8—f6
11) Tf1—e1	d7—d6
12) e4—e5	d6—e5:
13) Lc1—a3 u. s. w.	

d) Auf 9) . . . . Sc6—e5: kann folgen, wie das Handbuch von v. d. Lasa angiebt:

Weiss.	Schwarz.
10) Tf1—e1	d7—d6
11) Db3—a4†	Ke8—f8
12) Sf3—e5:	c3—c2
13) Da4—a5:	c2—b1:D
14) Ta1—b1:	d6—e5:
15) Lc1—a3†	Sg8—e7
16) Te1—e5:	b7—b6
17) Te5—e7:	b6—a5:
18) Te7—e6†.	

e) Besser scheint 10) . . . . Sg8—e7, was Mayet in einer schönen Partie gegen Anderssen glücklich durchführte.

f) Auf 15) . . . . Lb7—d5: setzt Weiss in 3 Zügen matt. Nimmt Schwarz daher den Bauer e6, so ergiebt sich folgende Fortsetzung:

Weiss.	Schwarz.
15)	d7—e6:
16) Ld5—b7:	Sd8—b7:
17) Dc3—c6†	

oder:

15)	f7—e6:
16) Ld5—b7:	Sd8—b7:
17) Dc3—c7:	Sb7—c5
18) La3—c5:	b6—c5:
17) Sf3—e5.	

48.

Spanische Partie.

G. R. Neumann. Weiss.	A. Anderssen. Schwarz.
1) e2—e4	e7—e5
2) Sg1—f3	Sb8—c6
3) Lf1—b5	d7—d6
4) Lb5—c6†	b7—c6:
5) d2—d4	e5—d4:
6) Sf3—d4:	c6—c5
7) Sd4—f3	g7—g6
8) 0—0	Lf8—g7
9) Sb1—c3	Sg8—e7
10) e4—e5	0—0 a)
11) Lc1—g5	f7—f6

	Weiss.	Schwarz.
12)	e5—f6:	Lg7—f6:
13)	Lg5—f6:	Tf8—f6:
14)	Tf1—e1	Lc8—b7
15)	Sf3—g5	Dd8—d7
16)	Sc3—e4	Tf6—f5
17)	Dd1—d3	Ta8—f8
18)	Ta1—d1	Se7—d5
19)	Dd3—h3 (?)	Sd5—f4
20)	Dh3—b3†	Lb7—d5
21)	c2—c4	

21)	. . . .	Tf5—g5: b)
22)	Se4—g5:	Dd7—g4
23)	Db3—g3 c)	

(S. Diagramm.)

23)	. . . .	Dg4—d1:
24)	Te1—d1:	Sf4—e2†
25)	Kg1—h1	Se2—g3:
26)	f2—g3:	Ld5—c4:
27)	b2—b3	Lc4—d5
28)	Sg5—h3	Ld5—e4

Stellung nach dem 23. Zuge von Weiss.

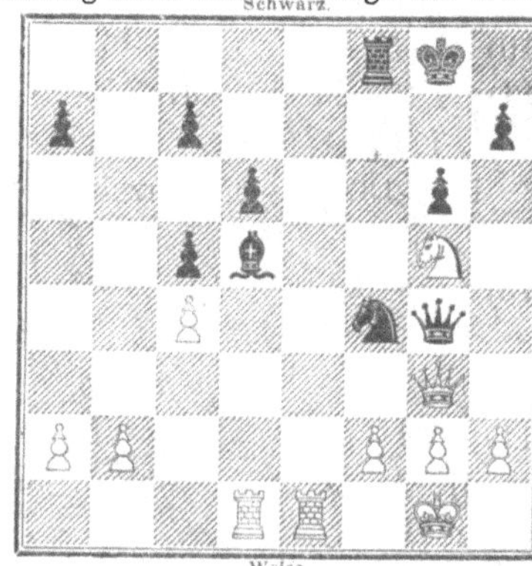

	Weiss.	Schwarz.
29)	Td1—c1	d6—d5
30)	Kh1—g1	Tf8—f6
31)	Te1—c1	Tf6—c6
32)	Sh3—g5	Le4—d3
33)	Kg1—f2	c5—c4
34)	Kf2—e3	c4—b3:

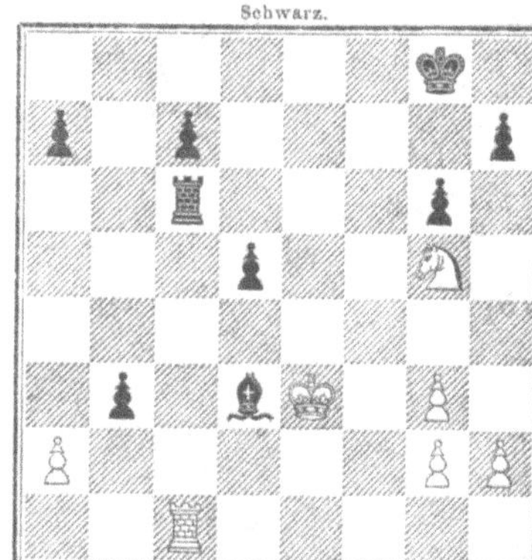

Weiss giebt die Partie auf.

---

a) **Auf** 10) . . . . d6—e5: würde folgen: 11) Dd1—d8† Ke8—d8: 12) Tf1—d1† Kd8—e8 13) Sc3—b5 oder 12) . . . . Lc8—d7 13) Sc3—e4 und auf 10) . . . . Lg7—e5: 11) Sf3—e5: d6—e5: 12) Dd1—d8† Ke8—d8 13) Lc1—g5 u. s. w.

b) Eine treffliche und entscheidende Combination!

c) Auf 21) g2—g3 würde Schwarz durch 21) .... Dg4—g5: 22) c4—d5: Sf4—h3† gewinnen.

49.

Muzio-Gambit.

	G. R. Neumann.	A. Anderssen.
	Weiss.	Schwarz.
1)	e2—e4	e7—e5
2)	f2—f4	e5—f4:
3)	Sg1—f3	g7—g5
4)	Lf1—c4	g5—g4
5)	0—0	g4—f3:
6)	Dd1—f3:	Dd8—e7
7)	Df3—f4:	Sg8—h6
8)	Sb1—c3	c7—c6
9)	d2—d4	d7—d6
10)	Lc1—d2	Th8—g8
11)	Ta1—e1	Lc8—h3
12)	Tf1—f2	Sb8—d7
13)	Te1—e3	Lh3—e6

Schwarz.

Weiss.

14)	Sc3—d5 a)	c6—d5:

	Weiss.	Schwarz.
15)	c4—d5:	0—0—0
16)	d5—e6:	f7—e6:
17)	Lc4—e6:	Tg8—g7

Schwarz.

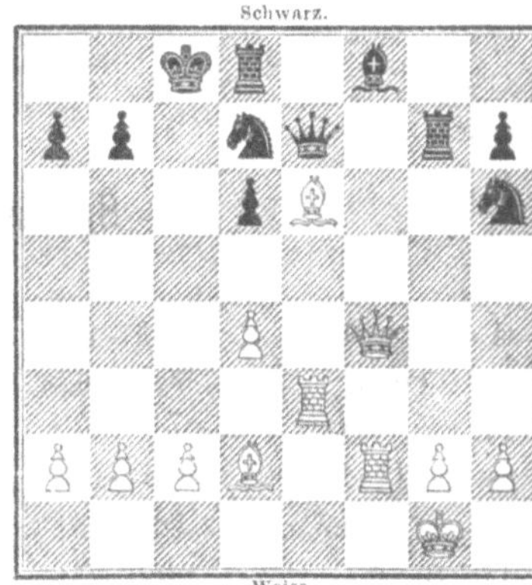

Weiss.

18)	Ld2—b4 b)	De7—g5 c)
19)	Lb4—d6:	Lf8—d6:
20)	Te3—c3†	Kc8—b8
21)	Df4—d6†	Kb8—a8
22)	Le6—d7:	a7—a6
23)	Tc3—c8†	Td8—c8:
24)	Ld7—c8:	Dg5—c1†
25)	Tf2—f1	Dc1—e3†
26)	Kg1—h1	De3—e2
27)	Tf1—g1	De2—c2:
28)	Dd6—f8	Dc2—c7
29)	Lc8—d7†	Aufgegeben.

---

a) Durch diesen Zug erlangt der Anziehende offenbaren Vortheil; denn wollte Schwarz auch den Springer nicht nehmen, sondern mit der Dame nach

d8 ausweichen, so würde Weiss durch 15) Ld2—b4 zum mindesten den Bauer d6 erobern, da auf 15) . . . . c6—c5 16) d4—c5: d6—c5: das schwarze Spiel durch 17) Sd5—c7† Ke8—e7 18) Sc7—d5† Ke7—e8 19) Lb4—c3 vollständig in Unordnung gebracht würde.

b) Auf 18) Df4—h6: Tg7—g2† 19) Tf2—g2: Lf8—h6: 20) Le6—d7† De7—d7: Te3—c3† Kc8—b8 22) Ld2—h6: wurde Weiss nur Thurm, Läufer und Bauer für die Dame behalten. Er könnte jedoch auf eine andere Weise die Partie sofort zu seinen Gunsten entscheiden:

	Weiss.	Schwarz.		Weiss.	Schwarz.
18)	Le6—d7†	De7—d7:	20)	Df4—f8: und Weiss hat zwei Bauern mehr.	
19)	Te3—c3†	Kc8—b8			

c) Schwarz hätte am besten mit 19) . . . . Kc8—b8 geantwortet.

50.

Spanische Partie.

	G. R. Neumann. Weiss.	A. Anderssen. Schwarz.
1)	e2—e4	e7—e5
2)	Sg1—f3	Sb8—c6
3)	Lf1—b5	Sg8—f6
4)	0—0	Sf6—e4:
5)	d2—d4	Lf8—e7
6)	Dd1—e2	Se4—d6
7)	Lb5—c6:	b7—c6:
8)	d4—e5:	Sd6—b7
9)	Lc1—e3	0—0
10)	Tf1—d1	Dd8—e8
11)	Sb1—c3	Sb7—d8
12)	Sf3—d4	f7—f5
13)	f2—f4	De8—g6
14)	Sd4—f3	Sd8—e6
15)	De2—f2	h7—h6
16)	Sc3—a4	a7—a5
17)	c2—c4	d7—d6
	(S. Diagramm.)	
18)	Ta1—c1	c6—c5
19)	Sa4—c3	Tf8—f7

Stellung nach dem 17. Zuge von Schwarz.

Schwarz.

Weiss

	Weiss.	Schwarz.
20)	Sc3—d5	Le7—f8
21)	Td1—d2	Ta8—b8
22)	b2—b3	a5—a4
23)	b3—a4: a)	Dg6—h5
24)	Sd5—c3	Tb8—b4
25)	Sc3—e2	g7—g5
26)	a4—a5	

Schwarz.

Weiss.

	Weiss.	Schwarz.
26)	. . . , .	Lc8—a6
27)	Td2—c2	g5—f4:

	Weiss.	Schwarz.
28)	Le3—f4:	d6—d5

Schwarz.

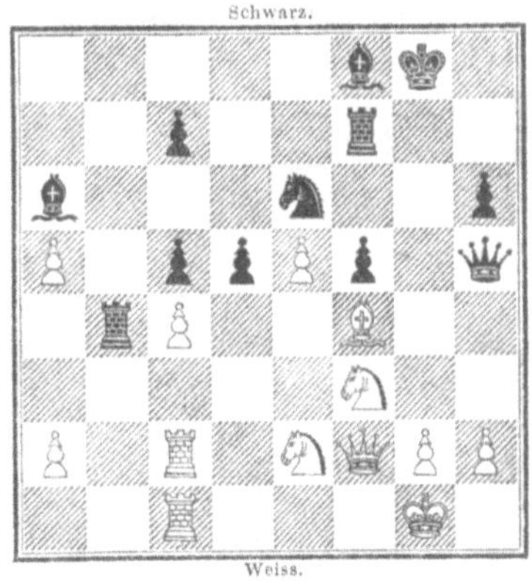

Weiss.

Schwarz gewann die Partie.

---

a) Besser wäre wohl 23) Td2—b2, da von hier an Schwarz das überlegenere Spiel behauptet.

51.

Mittelgambit gegen Königsgambit.

	A. Anderssen. Weiss.	G. R. Neumann. Schwarz.
1)	e2—e4	e7—e5
2)	f2—f4	d7—d5
3)	e4—d5:	e5—e4
4)	Lf1—b5†	c7—c6
5)	d5—c6:	b7—c6:
6)	Lb5—c4	Sg8—f6
7)	d2—d4	Lf8—d6
8)	Sg1—e2	0—0
9)	0—0	Sb8—d7
10)	a2—a4	a7—a5
11)	Lc4—a2	c6—c5
12)	d4—d5	

(S. Diagramm.)

12)	. . . .	c5—c4

Stellung nach dem 12. Zuge von Weiss.

Schwarz.

Weiss.

	Weiss.	Schwarz.
13)	La2—c4: a)	Ld6—c5†
14)	Kg1—h1	Sd7—b6

	Weiss.	Schwarz.
15)	Lc4—a2	Sb6—d5:
16)	Sb1—c3	Sd5—c3:
17)	Se2—c3:	Lc8—b7

Schwarz.

Weiss.

18)	Dd1—e2 b)	Dd8—b6
19)	Sc3—d1	Ta8—d8
20)	Sd1—e3	Lb7—a6
21)	c2—c4 c)	Td8—d3
22)	Tf1—e1	Tf8—d8

	Weiss.	Schwarz.
23)	g2—g4	g7—g6 d)
24)	Se3—f1	e4—e3

Schwarz.

Weiss.

25)	Sf1—e3: e)	Lc5—e3:
26)	Lc1—e3:	La6—b7†
27)	Kh1—g1	Db6—c5
28)	Kg1—f1	Td3—c3: f)

Weiss giebt die Partie auf.

---

a) Weiss könnte wohl versuchen, den Bauer d5 zu halten, z. B.

	Weiss.	Schwarz.		Weiss.	Schwarz.
13)	Sb1—c3	Sd7—b6	17)	b2—b3	c4—b3:
14)	Lc1—e3	Lc8—b7	18)	La2—b3:	Ld6—b4
15)	Le3—b6:	Dd8—b6‡	19)	Sc3—b4	Tf8—d8
16)	Kg1—h1	Ta8—c8	20)	c2—c4.	

b) Der Damentausch wäre für Weiss ungünstig, da dann die Entwickelung des Damenläufers sehr schwer sein würde.

c) Wir müssen diesen Zug als einen Fehler bezeichnen, da er dem Gegner die Verdoppelung der beiden Thürme auf der freien d-Linie mit Tempogewinn gestattet. Weit besser wäre 21) La2—c4.

d) Um bei 24) g4—g5 den Springer auf h5 postiren zu können.

e) Der Versuch des Schwarzen, sich aus seiner gedrückten Lage zu befreien, kostet ihm die Partie.

f) Schwarz konnte Matt in 6 Zügen ankündigen:

	Weiss.	Schwarz.		Weiss.	Schwarz.
28)	....	Dc6—h1†	31)	Lg1—f2	Df3—g2†
29)	Le3—g1	Td3—f3†	32)	Kf1—e2	Lb7—f3†
30)	De2—f3:(!)	Dh1—f3‡	33)	Ke2—e3	Sf6—g4‡.

52.

Evans-Gambit.

	G. R. Neumann. Weiss.	A. Anderssen. Schwarz.
1)	e2—e4	e7—e5
2)	Sg1—f3	Sb8—c6
3)	Lf1—c4	Lf8—c5
4)	b2—b4	Lc5—b4:
5)	c2—c3	Lb4—c5
6)	0—0	d7—d6
7)	d2—d4	c5—d4:
8)	c3—d4:	Lc5—b6
9)	d4—d5	Sc6—a5
10)	Lc1—b2	Sg8—e7
11)	Lc4—d3	0—0
12)	Sb1—c3	Se7—g6
13)	Sc3—e2	c7—c5
14)	Ta1—c1	Lc8—d7
15)	Kg1—h1	f7—f6
16)	Sf3—e1	a7—a6
17)	f2—f4	Ld7—b5
18)	Tf1—f3	Ta8—c8
19)	Tf3—h3 a)	c5—c4
20)	Ld3—b1	

Schwarz.

Weiss.

20)	....	c4—c3
21)	Th3—c3:	Lb5—e2:
22)	Dd1—e2:	Tc8—c3:

	Schwarz.	Weiss.
23)	Lb2—c3:	Sg6—f4:
24)	De2—g4	Lb6—e3
25)	Tc1—d1	Sa5—c4
26)	Dg4—f3	Dd8—b6
27)	Se1—d3	Sc4—e5

Schwarz.

Weiss.

28)	Lc3—e5: b)	f6—e5:
29)	Sd3—f4:	Tf8—f4:
30)	Df3—h3	h7—h6
31)	g2—g3	Tf4—f2
32)	Td1—f1	Tf2—f1†
33)	Dh3—f1:	Db6—b2
34)	Df1—d1	Db2—f2
35)	a2—a4	b7—b5
36)	a4—b5:	a6—b5:
37)	Lb1—d3	b5—b4
38)	Ld3—e2	b4—b3
39)	Dd1—f1	b3—b2
40)	Df1—f2:	b2—b1D†
41)	Df2—f1	Db1—e4†
42)	Df1—f3	De4—d4
43)	Kh1—g2	Dd4—d2
44)	Kg2—h3	Dd2—d4
45)	Df3—g4	

Remis.

a) Statt dessen musste 19) Dd1—d2 geschehen.

b) Weiss tauscht, um ausser den schweren Figuren nur ungleiche Läufer übrig zu lassen und so Remisschluss herbeizuführen.

53.

Evans-Gambit.

	A. Anderssen. Weiss.	C. Mayet. Schwarz.
1)	e2—e4	e7—e5
2)	Sg1—f3	Sb8—c6
3)	Lf1—c4	Lf8—c5
4)	b2—b4	Lc5—b4:
5)	c2—c3	Lb4—c5
6)	0—0	d7—d6
7)	d2—d4	e5—d4:
8)	c3—d4:	Lc5—b6
9)	d4—d5	Sc6—b8 (?)
10)	Lc1—b2	Sg8—f6
11)	Sb1—c3	0—0
12)	Sf3—d4	Sb8—d7
13)	f2—f4	Sd7—c5
14)	Dd1—f3	Tf8—e8
15)	Ta1—e1	Lc8—g4
16)	Df3—g3	Sc5—e6

Schwarz.

Weiss.

	Weiss.	Schwarz.
17)	Sc3—b5	Se6—d4:
18)	Sb5—d4:	Lg4—d7
19)	Kg1—h1	Lb6—d4:
20)	Lb2—d4:	c7—c5

Schwarz.

Weiss.

21)	d5—c6:	Ld7—c6:
22)	Lc4—d3	d6—d5
23)	c4—e5	Sf6—e4
24)	Dg3—g4	Dd8—d7
25)	f4—f5	Kg8—h8
26)	Te1—e3	f7—f6
27)	e5—e6	Dd7—e7
28)	Ld3—e4:	d5—e4:
29)	Te3—h3	h7—h6
30)	Dg4—g6	Te8—f8
31)	Tf1—f4	Aufgegeben.

54.

Evans-Gambit.

G. R. Neumann.		A. Anderssen.
	Weiss.	Schwarz.
1)	e2—e4	e7—e5
2)	Sg1—f3	Sb8—c6
3)	Lf1—c4	Lf8—c5
4)	b2—b4	Lc5—b4:
5)	c2—c3	Lb4—c5
6)	0—0	d7—d6
7)	d2—d4	e5—d4:
8)	c3—d4:	Lc5—b6
9)	d4—d5	Sc6—a5
10)	Lc1—b2	Sg8—e7
11)	Lc4—d3	0—0
12)	Sb1—c3	Se7—g6
13)	Sc3—e2	c7—c5
14)	Dd1—d2	Lc8—d7
15)	Se2—g3	f7—f6 (!)
16)	h2—h4	Lb6—c7
17)	h4—h5	Sg6—h8
18)	h5—h6	g7—g6

19)	Ta1—c1	b7—b5
20)	Sf3—h4	Sa5—b7
21)	Dd2—e3	Ta8—c8
22)	Ld3—e2	Lc7—b6
23)	Sg3—h5	

	Weiss.	Schwarz.
23)	. . . .	Dd8—e7 a)
24)	De3—g3	c5—c4
25)	Tf1—e1	Sb7—c5
26)	Sh4—f5	Ld7—f5:
27)	e4—f5:	Sc6—c4
28)	Le2—g4	

28)	. . . .	Se4—g3: b)
29)	Te1—e7:	Sg3—h5:
30)	Lg4—h5:	Tf8—f7
31)	Te7—f7:	Kg8—f7:
32)	Lh5—g4	Tc8—d8

	Weiss.	Schwarz.
33)	Tc1—e1	b5—b4
34)	f5—g6†	Kf7—g6:
35)	Te1—e7	Sh8—f7

36)	Lg4—h5†	Kg6—h5:
37)	Te7—f7:	c4—c3
38)	Lb2—c1	Lb6—d4
39)	Tf7—g7	Td8—e8
40)	Kg1—f1	c3—c2

(S. Diagramm.)

41)	Tg7—g3	Ld4—c3
42)	Tg3—h3†	Kh5—g6
43)	Th3—g3†	Kg6—f7
44)	Tg3—e3	Te8—e3:
45)	f2—e3:	Kf7—g6 (?)
46)	e3—e4	f6—f5
47)	e4—f5†	Kg6—f5:

Stellung nach dem 40. Zuge von Schwarz.

	Weiss.	Schwarz.
48)	Kf1—e2	

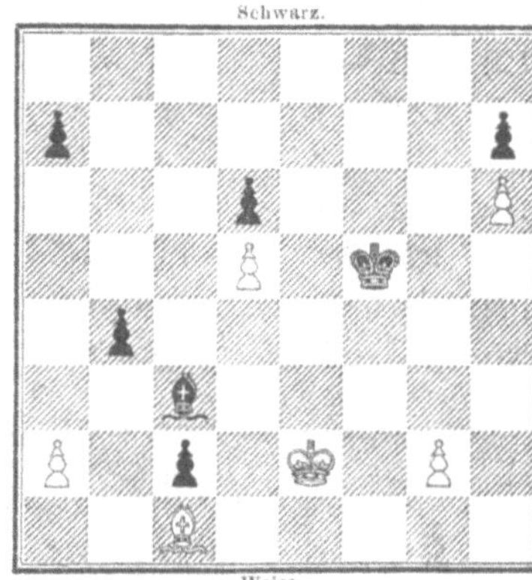

Die Partie wurde remis.

---

a) Nimmt Schwarz den Springer h5, so verliert er die Partie durch folgende Züge:

	Weiss.	Schwarz.		Weiss.	Schwarz.
23)	....	g6—h5:	26)	Le2—h5†	Sh8—f7
24)	De3—g3†	Kg8—f7	27)	Lb2—f6:	Dd8—c7
25)	Dg3—g7†	Kf7—e8	28)	Dg7—h7: u. s. w.	

b) Auf 28) .... g6—h5: würde Weiss durch 29) Te1—e4: den Sieg erzwingen.

55.

Spanische Partie.

	G. R. Neumann. Weiss.	A. Anderssen. Schwarz.
1)	e2—e4	e7—e5
2)	Sg1—f3	Sb8—c6
3)	Lf1—b5	Sg8—e7
4)	0—0	Se7—g6
5)	d2—d4	e5—d4:
6)	Sf3—d4:	Lf8—c5

Schwarz.

Weiss.

7)	Sd4—e2 a)	0—0
8)	Kg1—h1	Sc6—e5
9)	Se2—g3	d7—d6
10)	Lb5—e2	Dd8—h4
11)	Sb1—d2 b)	f7—f5
12)	e4—f5:	Lc8—f5:
13)	Sg3—f5: c)	Tf8—f5:

	Weiss.	Schwarz.
14)	Sd2—f3	Se5—f3:
15)	Le2—f3:	Lc5—f2:
16)	Dd1—e2	Lf2—g3
17)	h2—h3	Ta8—f8
18)	Lc1—d2	c7—c6
19)	Lf3—g4	Tf5—f2
20)	Tf1—f2:	Tf8—f2:
21)	De2—e6†	Kg8—h8
22)	Ta1—g1 d)	

Schwarz.

Weiss.

22)	....	h7—h5
23)	Lg4—f5 e)	Sg6—f8
24)	De6—f7 f)	Dh4—h3†
25)	Lf5—h3:	Tf2—f7:

Weiss giebt die Partie auf.

---

a) Weit stärker ist 7) Sd4—f5.

b) In Folge dieses Zuges kann Weiss den Verlust des f-Bauern kaum umgehen. Besser wäre daher 11) f2—f4; denn die Fortsetzung 11).... Se5—g4 12) Le2—g4: Lc8—g4 13) Dd1—d3 scheint uns eher für Weiss als für Schwarz vortheilhaft.

c) Weiss hätte besser schon an dieser Stelle 13) Sd2—f3 gezogen.

d) Hier musste 22) Ld2—e3 geschehen,

e) De6—g6: hätte ebenfalls nichts geholfen:

	Weiss.	Schwarz.		Weiss.	Schwarz.
23)	De6—g6:	h5—g4:	25)	De8—e4†	g7—g6.
24)	Dg6—e8†	Kh8—h7			

Am besten scheint auch hier 23) Ld2—e3, wodurch Weiss sein Spiel wohl gehalten hätte.

f) Auf 24) De6—c8 würde 24) . . . . Dh4—f6 gewinnen.

56.

Spanische Partie.

	C. Schallopp. Weiss.	A. Anderssen. Schwarz.
1)	e2—e4	e7—e5
2)	Sg1—f3	Sc8—c6
3)	Lf1—b5	Sg8—f6
4)	d2—d3	Lf8—c5 (?)
5)	c2—c3	0—0
6)	0—0	

Schwarz.

Weiss.

6)	. . . .	Lc5—d6 a)
7)	Lc1—g5 b)	h7—h6
8)	Lg5—f6:	Dd8—f6:
9)	d3—d4	Sc6—e7
10)	Lb5—d3	Se7—g6
11)	Dd1—d2	Sg6—f4
12)	d4—e5:	Ld6—e5:

	Weiss.	Schwarz.
13)	Sf3—e5:	Df6—e5:
14)	g2—g3	Sf4—h3† (?)
15)	Kg1—g2	d7—d5
16)	f2—f4	De5—d6
17)	e4—e5	Dd6—b6
18)	f4—f5	Sh3—g5
19)	h2—h4	Sg5—e4
20)	Ld3—e4:	d5—e4:
21)	Sb1—a3	e4—e3
22)	Dd2—e2	Lc8—d7
23)	Sa3—c4	Ld7—c6†
24)	Kg2—h2	Db6—b5

Schwarz.

Weiss.

25)	a2—a4	Db5—d5

	Weiss.	Schwarz.
26)	Ta1—d1	Dd5—g2†
27)	De2—g2:	Lc6—g2:
28)	Tf1—e1	e3—e2
29)	Td1—d2 (?) c)	Lg2—f3
30)	Kh2—g1	Tf8—e8 (?) d)
31)	Kg1—f2	Lf3—h5
32)	Td2—d4	c7—c5
33)	Td4—e4	g7—g6
34)	f5—f6	g6—g5
35)	h4—g5:	h6—g5:
36)	g3—g4	Lh5—g6
37)	Te4—e2:	Lg6—d3

(S. Diagramm.)

Stellung nach dem 37. Zuge von Schwarz.

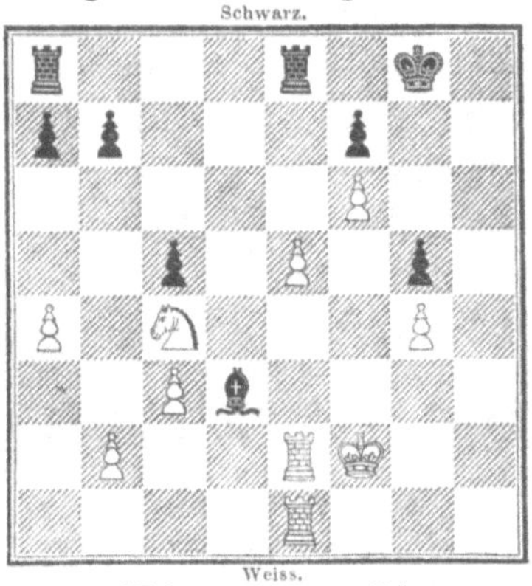

	Weiss.	Schwarz.
38)	Te2—e3	Ld3—c4:
39)	Te1—h1	Ta8—d8 e)
40)	Te3—h3	Td8—d2†
41)	Kf2—e1	Td2—e2†
42)	Ke1—d1	Te8—d8†
43)	Kd1—c1	Te2—e1†
44)	Th1—e1:	Td8—d3 f)
45)	Th3—h5	Lc4—d5
46)	Th5—g5†	Kg8—f8
47)	Te1—d1	Aufgegeben.

---

a) Gewiss nicht besser, als 6) . . . . d7—d6.

b) Durch 7) Lb5—c6: d7—c6: 8) Sf3—e5: Ld6—e5: 9) f2—f4 Le5—d6 10) e4—e5 würde Weiss keinen erheblichen Vortheil erlangen.

c) Stärker ist 29) Td1—d4.

d) Der richtige Zug wäre 30) . . . . Ta8—d8.

e) Schwarz hat kein anderes Mittel, dem Matt auszuweichen.

f) Auf 44) . . . . Lc4—d5 folgt 45) Th3—d3 u. s. w.

57.

Läufergambit.

	G. R. Neumann. Weiss.	A. Anderssen. Schwarz.
1)	e2—e4	e7—e5
2)	f2—f4	f4—e5:
3)	Lf1—c4	d7—d5
4)	e4—d5: (?)	Dd8—h4†
5)	Ke1—f1	Lf8—d6

	Weiss.	Schwarz.
6)	Sg1—f3	Dh4—h5
7)	Sb1—c3	Sg8—e7
8)	d2—d4	Lc8—f5
9)	Lc4—b5†	Sb8—d7
10)	Sf3—e5	

Schwarz.

Weiss.

10)	....	Dh5—d1†
11)	Sc3—d1:	f7—f6
12)	Se5—d7:	Lf5—d7:
13)	Lb5—d7†	Ke8—d7:
14)	c2—c4	b7—b6
15)	Sd1—f2	g7—g5
16)	Sf2—e4	Se7—g8
17)	Se4—d6: a)	c7—d6:
18)	h2—h4 b)	Sg8—e7
19)	h4—g5:	f6—g5:
	(S. Diagramm.)	
20)	Kf1—f2	Se7—f5

Stellung nach dem 19. Zuge von Schwarz.

Schwarz.

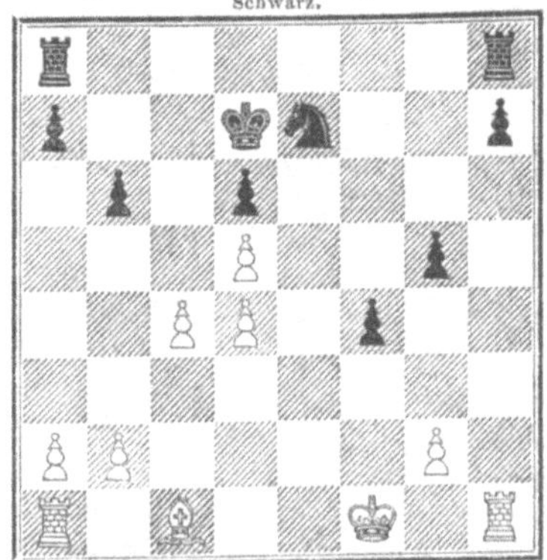

Weiss.

	Weiss.	Schwarz.
21)	Th1—d1	Ta8—e8
22)	Td1—d3	Sf5—g3
23)	b2—b3(?) c)	Te8—e2†
24)	Kf2—f3	h7—h5
25)	Lc1—d2(?)	Th8—f8

Schwarz.

Weiss.

Weiss giebt die Partie auf.

---

a) Besser wäre wohl 17) Lc1—d2, worauf der schwarze Springer sein Feld noch nicht verlassen dürfte.

b) Ein Fehler, der dem Schwarzen gestattet mit seinem Springer in das weisse Spiel einzudringen.

c) Weiss unterlässt den allein richtigen Zug Lc1—d2, was sich sofort tödlich rächt.

58.

Sicilianische Partie.

	B. Suhle. Weiss.	A. Anderssen. Schwarz.
1)	e2—e4	c7—c5
2)	Sg1—f3	e7—e6
3)	c2—c3	Sb8—c6
4)	d2—d4	d7—d5
5)	e4—d5:	e6—d5:
6)	Lf1—e2	Sg8—f6
7)	0—0	c5—d4:
8)	c3—d4:	Lf8—e7
9)	Sb1—c3	0—0 a)

Schwarz.

Weiss.

10)	Lc1—e3	Le7—d6
11)	Dd1—d2	Lc8—e6
12)	Sf3—g5 b)	Le6—f5
13)	f2—f4	Tf8—e8
14)	h2—h3	Ta8—c8
15)	Sg5—f3	Sf6—e4
16)	Sc3—e4:	Lf5—e4:
17)	a2—a3	Sc6—a5

(S. Diagramm).

18)	Ta1—c1	Sa5—b3
19)	Tc1—c8:	Dd8—c8:

Stellung nach dem 17. Zuge von Schwarz.

Schwarz.

Weiss.

	Weiss.	Schwarz.
20)	Dd2—e1	Le4—f3:
21)	Tf1—f3:	Dc8—c2
22)	Le2—b5	

Schwarz.

Weiss.

22)	. . . .	Te8—e7 c)
23)	Tf3—f2	Dc2—e4
24)	De1—c3 (!)	g7—g6
25)	Tf2—e2	De4—b1†
26)	Te2—e1	Db1—a2

	Weiss.	Schwarz.
27)	Lb5—a4	Sb3—a1

Schwarz.

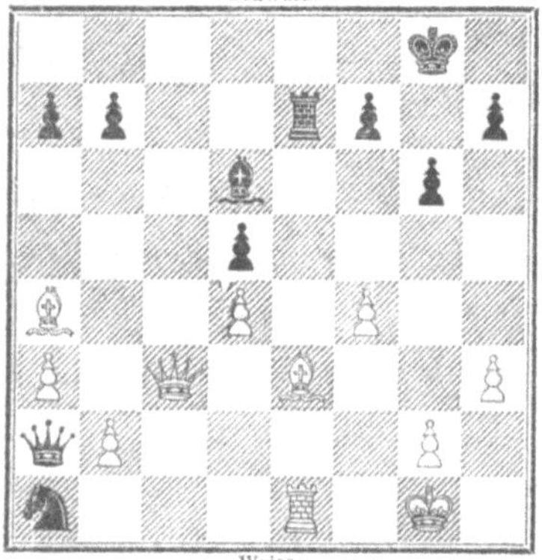

Weiss.

	Weiss.	Schwarz.
28)	b2—b4 d)	b7—b5
29)	Tf1—a1:	Da2—c4
30)	Dc3—c4:	d5—c4:
31)	La4—b5:	Te7—e3: e)
32)	Lb5—c4:	Ld6—f4:
33)	d4—d5	Kg8—f8
34)	Lc4—b5	Lf4—g3
35)	Lb5—c6	Kf8—e7
36)	a3—a4	Ke7—d6
37)	b4—b5	Te3—c1†
38)	Ta1—e1:	Lg3—e1:
39)	Kg1—f1	Le1—a5
40)	g2—g4	f7—f6
41)	h3—h4	Kd6—e5
42)	Kf1—g2	Ke5—f4
43)	Kg2—h3	La5—c7
44)	Lc6—d7	f6—f5
45)	h4—h5	f5—g4†
46)	Ld7—g4:	g6—h5:
47)	Lg4—h5:	Kf4—g5
48)	Lh5—f3	Kg5—f4
49)	Lf3—g2	Kf4—g5
50)	Lg2—h1	Kg5—f4
51)	Kh3—h4	Kf4—e5
52)	Kh4—h5	Ke5—d6
53)	Kh5—h6	Kd6—c5
54)	Lh1—f3	Kc5—b4
55)	Lf3—d1	Kb4—c5
56)	Kh6—h7:	Kc5—d5:

Remis.

a) Beide Parteien stehen nun völlig gleich. Der von B. Suhle empfohlene Zug 3) c2—c3 scheint also nur zur Ausgleichung der Spiele zu führen.

b) Die nächsten Züge von Weiss sind schwach, so dass Schwarz bereits nach seinem 17. Zuge das weit bessere Spiel hat. Man vergleiche die beiden ersten Diagramme.

c) Ein Fehler! Der correcte Zug ist 22) . . . . Te8—e6.

d) Hier hätte 28) f4—f5 nebst 29) Le3—h6 einen starken Angriff eingeleitet.

e) Die ungleichen Läufer lassen den Ausgang der Partie leicht errathen.

59.

Mittelgambit gegen Königsgambit.

A. Anderssen. — G. R. Neumann.

	Weiss.	Schwarz.
1)	e2—e4	e7—e5
2)	f2—f4	d7—d5
3)	e4—d5:	e5—e4

	Weiss.	Schwarz.
4)	Lf1—b5†	c7—c6
5)	d5—c6:	b7—c6:
6)	Lb5—c4	Sg8—f6(!)
7)	d2—d4	Lf8—d6
8)	Sg1—e2	0—0
9)	0—0	Sb8—d7
10)	c2—c3	Sd7—b6
11)	Lc4—b3	c6—c5
12)	a2—a4	c5—c4
13)	Lb3—c2	a7—a5
14)	Sb1—a3	

Schwarz.

Weiss.

14)	. . . .	Ld6—a3: a)
15)	Ta1—a3:	Tf8—e8
16)	b2—b3	Dd8—d5
17)	b3—c4:	Sb6—c4: b)
18)	Ta3—b3	e4—e3 c)

Schwarz.

Weiss.

	Weiss.	Schwarz.
19)	Tf1—f3	Lc8—d7
20)	Tb3—b1	Ld7—c6
21)	Lc2—d3	Sf6—g4
22)	Dd1—c2	g7—g6
23)	Tf3—g3	Sg4—f2

Schwarz.

Weiss.

24)	Ld3—c4:	Dd5—c4:
25)	Lc1—e3:	Lc6—a4:
26)	Dc2—b2	Sf2—e4
27)	Tg3—f3	La4—c6
28)	f4—f5 d)	Se4—d6
29)	Tf3—h3	Sd6—f5:
30)	Kg1—f2	a5—a4
31)	Tb1—e1	a4—a3
32)	Db2—a1	a3—a2
33)	Se2—f4	Te8—b8
34)	Le3—d2	Lc6—e4

Schwarz.

Weiss.

und Schwarz gewinnt.

a) Schwarz benutzt die Gelegenheit, den in seiner Wirksamkeit sehr beschränkten Königsläufer gegen einen leichten Offizier des Gegners abzutauschen. Uebrigens kommt dadurch der weisse Damenthurm in eine ungünstige Stellung.

b) Schwarz hält während der ganzen Partie das Feld c4 mit einem seiner Steine besetzt, zum grössten Aerger der beiden weissen Freibauern.

c) Weiss schafft sich allerdings durch seine nächsten Züge diesen lästigen Bauer vom Brette, muss jedoch dafür dem Gegner andere Vortheile einräumen.

d) Ein nicht gerechtfertigtes Opfer.

60.

Spanische Partie.

	G. R. Neumann. Weiss.	A. Anderssen. Schwarz
1)	e2—e4	e7—e5
2)	Sg1—f3	Sb8—c6
3)	Lf1—b5	a7—a6
4)	Lb5—a4	Sg8—e7
5)	0—0 a)	Se7—g6
6)	d2—d4	Lf8—d6

Schwarz.

Weiss.

7)	d4—e5:	Sc6—e5:
8)	Sf3—e5:	Ld6—e5:
9)	f2—f4	Le5—f6
10)	e4—e5	Lf6—e7

	Weiss.	Schwarz.
11)	Sb1—c3	b7—b5
12)	Lc4—b3	Le7—c5†
13)	Kg1—h1	Lc8—b7
14)	Lb3—d5 (!)	c7—c6
15)	Ld5—b3	Dd8—e7
16)	Sc3—e4	0—0—0

Schwarz.

Weiss.

17)	Se4—d6† b)	Lc5—d6:
18)	e5—d6:	De7—f6
19)	Lc1—e3	Td8—e8
20)	Dd1—d4	Df6—d4:
21)	Le3—d4:	

Schwarz.

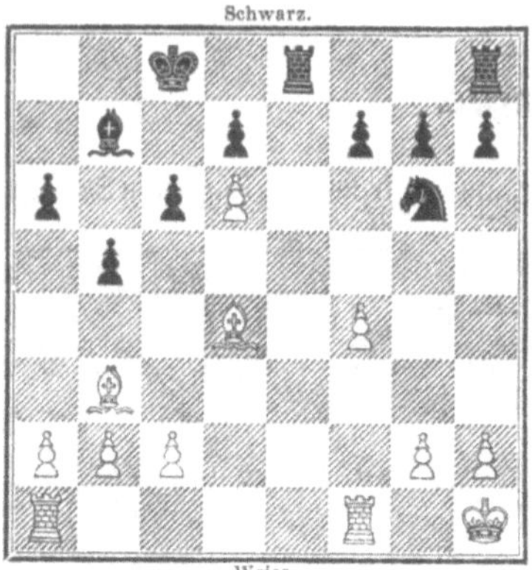

Weiss.

	Weiss.	Schwarz.
21)	. . . .	f7—f6
22)	f4—f5 c)	c6—c5 d)
23)	Ld4—c5 :	Sg6—h4

	Weiss.	Schwarz.
24)	Tf1—f2	Sh4—g2:
25)	Tf2—g2: (?) e)	Te8—e2

Schwarz.

Weiss.

Weiss giebt die Partie auf.

---

a) P. Morphy pflegt an dieser Stelle c2—c3 zu ziehen.

b) Ein schwacher Zug, der dem Läufer b7 zur Freiheit verhilft. Weit besser ist 17) a2—a4.

c) B. Suhle bemerkt in diesem Fehlzuge: „Eine Uebereilung. Durch 22) Ld4—c5 würde Weiss das bessere Spiel behauptet haben.“ Er scheint der Ansicht zu sein, dass Weiss bis hierher das bessere Spiel hatte. Dem ist aber nicht so. Schwarz hätte schon im 21. Zuge c6—c5 ziehen können. Man sehe die Fortsetzung 21) . . . . c6—c5 22) Ld4—g7: Te8—e2, welche zu folgender Position führt, die wir dem Studium unserer Leser empfehlen wollen.

Schwarz.

Weiss.

Weiss ist am Zuge.

d) Dieser Zug verschafft dem Schwarzen den Angriff.

e) Besser wäre noch immer 25) Kh1—g1.

61.

Spanische Partie.

	E. Schallopp.	A. Anderssen.
	Weiss.	Schwarz.
1)	e2—e4	e7—e5
2)	Sg1—f3	Sb8—c6
3)	Lf1—b5	a7—a6
4)	Lb5—a4	b7—b5
5)	La4—b3	Lf8—c5
6)	c2—c3	Dd8—e7
7)	d2—d4	Lc5—b6
8)	0—0	d7—d6
9)	Lb3—d5	Lc8—b7
10)	a2—a4	

10)	. . . .	Sg8—f6
11)	a4—b5:	a6—b5:
12)	Ta1—a8†	Lb7—a8:
13)	Dd1—b3	Sf6—d5:
14)	e4—d5:	Sc6—a7
15)	Sb1—a3	0—0
16)	d4—e5:	d6—e5:
17)	Tf1—e1 a)	f7—f6
18)	Sa3—b5:	De7—c5 b)

(S. Diagramm).

19)	Sb5—a7:	La8—d5: c)
20)	Dc3—c2	Dc5—a5
21)	b2—b4	Da5—a7:

Stellung nach dem 18. Zuge von Schwarz.

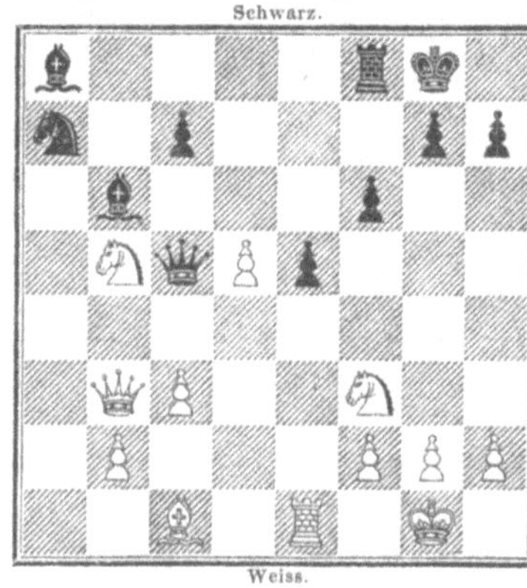

	Weiss.	Schwarz.
22)	Sf3—h4	Da7—b7
23)	c3—c4	Db7—c6
24)	c4—c5	Lc6—a7
25)	Lc1—e3 d)	Dc6—b7
26)	c5—c6 e)	Db7—b4:

27)	Te1—b1	Db4—h4:
28)	Le3—a7:	Dh4—e4 f)
29)	Dc2—e4:	Ld5—e4:
30)	Tb1—b7	Le4—c6:
31)	Tb7—c7:	Tf8—d8
32)	f2—f3	Td8—d1†

	Weiss.	Schwarz.		Weiss.	Schwarz.
33)	Kg1—f2	Td1—d2†	42)	Te7—e5:	Le4—f3:
34)	Kf2—g3 g)	Lc6—d7	43)	Te5—e2:	Lf3—e2:
35)	La7—e3	Td2—e2	44)	Ld4—e5	f4—f3
36)	Le3—c5	Ld7—e8	45)	Kh3—g3	Kg8—f7
37)	h2—h4	f6—f5	46)	Kg3—f2	Kf7—g6
38)	Kg3—h3	f5—f4	47)	h4—h5†	Kg6—f7
39)	Tc7—e7	Le8—g6	48)	g4—g5	g7—g6
40)	Lc5—d4	Lg6—f5†	49)	h5—h6	
41)	g2—g4	Lf5—e4		Als remis abgebrochen.	

---

a) Besser scheint sofort 16) Sa3—b5:
b) Durch diesen Zug gewinnt Schwarz den Bauer zurück.
c) Stärker als 19) . . . . Dc5—f2‡.
d) Hier wäre wohl 26) Sh4—f5 der richtige Zug.
e) Ein Fehler, durch welchen Weiss einen Bauer verliert.
f) Falsch wäre 28) . . . . Dh4—g4 29) f2—f3 Ld5—f3: wegen 30) Dc2—b3†.
g) Bei 34) Kf2—e3 würde Weiss nach 34) . . . . Td2—g2: 35) Tc7—c6: Tg2—h2: die Partie kaum halten können.

62.

Evans-Gambit.

	A. Anderssen. Weiss.	G. R. Neumann. Schwarz.		Weiss.	Schwarz.
			13)	Sc3—a4	c7—c5
1)	e2—e4	e7—e5	14)	Sa4—b6:	a7—b6:
2)	Sg1—f3	Sb8—c6	15)	Sf3—e1	Se7—g6
3)	Lf1—c4	Lf8—c5	16)	f2—f4	Lc8—d7
4)	b2—b4	Lc5—b4:	17)	g2—g4	b6—b5
5)	c2—c3	Lb4—c5	18)	Se1—g2	c5—c4
6)	0—0	d7—d6	19)	Ld3—e2	
7)	d2—d4	e5—d4:		(S. Diagramm.)	
8)	c3—d4:	Lc5—b6 (!)	19)	. . . .	Tf8—e8 a)
9)	d4—d5	Sc6—a5	20)	f4—f5	Sg6—e5
10)	Lc1—b2	Sg8—e7	21)	Sg2—f4	b5—b4
11)	Lc4—d3	0—0	22)	Lb2—e5:	f6—e5:
12)	Sb1—c3	f7—f6	23)	Sf4—e6	Ld7—e6:

Stellung nach dem 19. Zuge von Weiss.

Schwarz.

Weiss.

	Weiss.	Schwarz.
24)	d5—e6:	Dd8—b6† b)
25)	Kg1—h1	Db6—d4
26)	Ta1—b1	b4—b3
27)	a2—b3:	Sa5—b3:
28)	Dd1—d4:	e5—d4:
29)	Le2—c4:	Sb3—d2
30)	Lc4—b5	

Schwarz.

Weiss.

30)	. . . .	Te8—e7 (?)
31)	Tb1—a1	Aufgegeben.

---

a) Weit besser wäre sofort 19) . . . . b5—b4.

b) Schwarz beabsichtigt die Dame nach d4 zu spielen und den Damentausch herbeizuführen, um den Angriff des Weissen auf den Königsflügel abzuschwächen. Dieser Plan erweisst sich bald ungünstig. Am besten scheint uns daher zunächst 24) . . . . b7—b5.

c) Ein Fehlzug. 29) . . . . Sd2—f1: musste geschehen.

63.

Evans-Gambit.

	A. Anderssen. Weiss.	G. R. Neumann. Schwarz.
1)	e2—e4	e7—e5
2)	Sg1—f3	Sb8—c6
3)	Lf1—c4	Lf8—c5
4)	b2—b4	Lc5—b4:
5)	c2—c3	Lb4—c5
6)	0—0	d7—d6
7)	d2—d4	e5—d4:
8)	c3—d4:	Lc5—b6
9)	d4—d5	Sc6—a5

	Weiss.	Schwarz.
10)	Lc1—b2	Sg8—e7
11)	Lc4—d3	0—0
12)	Sb1—c3	f7—f6
13)	Sc3—a4	c7—c5
14)	Sa4—b6:	a7—b6:
15)	Sf3—e1	Se7—g6
16)	f2—f4	Lc8—d7
17)	Ld3—e2	b6—b5
18)	f4—f5	Sg6—e5
19)	Lb2—e5:	f6—e5:
20)	g2—g4	c5—c4
21)	Kg1—h1	Dd8—g5
22)	Se1—g2	c4—c3

Schwarz.

Weiss.

23)	h2—h4	Dg5—d2 a)

	Weiss.	Schwarz.
24)	Dd1—d2:	c3—d2:
25)	Ta1—d1	Sa5—c4
26)	Le2—c4:	b5—c4:
27)	Td1—d2:	b7—b5
28)	Tf1—c1	Ta8—a3
29)	Td2—b2	Tf8—a8
30)	Tc1—c2	Ta3—d3
31)	Kh1—g1	Td3—d4

Schwarz.

Weiss.

32)	Tc2—e2	c4—c3
33)	Tb2—c2 b)	b5—b4
34)	Kg1—f2	Ld7—b5
35)	Te2—e3	Lb5—d3

Weiss giebt die Partie auf.

a) Durch diesen Zug erzwingt Schwarz den Damentausch. Er büsst allerdings in der Folge einen Bauer ein, erlangt jedoch dafür auf der Damenseite entscheidenden Positionsvortheil.

b) Auf 33) Tb2—b3 würde Schwarz mit 33) .... Td4—c4 antworten.

64.

Spanische Partie.

	G. R. Neumann. Weiss.	A. Anderssen. Schwarz.
1)	e2—e4	e7—e5
2)	Sg1—f3	Sb8—c6
3)	Lf1—b5	Sg8—f6
4)	d2—d3	Lf8—c5
5)	c2—c3	0—0 a)

	Weiss.	Schwarz.
6)	Lb5—c6:	b7—c6:
7)	Sf3—e5:	d7—d5 (!)

Schwarz.

Weiss.

8)	0—0 b)	d5—e4:
9)	d3—d4	Lc5—d6
10)	Se5—c6: (?)	Dd8—e8
11)	Sc6—a5	De8—b5 (!)
12)	Sa5—b3	Lc8—g4

Schwarz.

Weiss.

	Weiss.	Schwarz.
13)	Dd1—d2 c)	Ld6—h2†
14)	Kg1—h2:	Db5—f1:
15)	Dd2—f4	Lg4—f3
16)	g2—f3:	Df1—f2†
17)	Kh2—h1	e4—f3:
18)	Df4—h2	Df2—e1†

Weiss giebt die Partie auf.

---

a) Man vergleiche ausser Partie 5 noch folgendes Spiel zwischen Mayet (Weiss) und Anderssen (Schwarz) aus dem Jahre 1862:

	Weiss.	Schwarz.
6)	0—0	d7—d5
7)	Lb5—c6:	b7—c6:
8)	Sf3—e5:	d5—e4:
9)	d3—d4	Lc5—b6
10)	f2—f4	c6—c5
11)	d4—c5:	Lb6—c5†
12)	Kg1—h1	Lc8—b7
13)	c3—c4	Tf8—e8
14)	a2—a3	e4—e3
15)	Dd1—e2	Dd8—d4
16)	Sb1—c3	Ta8—d8
17)	Sc3—b5	Dd4—e4
18)	b2—b4 (?)	Sf6—h5
19)	b4—c5:	Sh5—f4:
20)	Tf1—f4:	

Schwarz.

Weiss.

Schwarz setzt in 3 Zügen matt.

b) Ein schwacher Zug! Stärker ist 8) c4—d5:

c) Am besten ist noch 13) f2—f3.

65.

Spanische Partie.

𝔊. 𝔑. 𝔑𝔢𝔲𝔪𝔞𝔫𝔫.		𝔄. 𝔄𝔫𝔡𝔢𝔯𝔰𝔰𝔢𝔫.
	Weiss.	Schwarz.
1)	e2—e4	e7—e5
2)	Sg1—f3	Sb8—c6
3)	Lf1—b5	Sg8—e7
4)	0—0 (?)	Se7—g6
5)	d2—d4	Lf8—d6
6)	d4—e5:	Sc6—e5:
7)	Sf3—e5:	Ld6—e5:
8)	f2—f4	c7—c6
9)	Lb5—c4	Dd8—b6† a)
10)	Kg1—h1	Le5—b2:
11)	Lc1—b2:	Db6—b2:
12)	Sb1—d2	Db2—d4

Schwarz.

Weiss.

13)	c2—c3 b)	Dd4—c3:
14)	e4—e5 c)	Dc3—d4
15)	Dd1—e2	b7—b5

(S. Diagramm.)

16)	Sd2—e4	b5—e4:
17)	Ta1—d1 d)	Dd4—b6
18)	Se4—d6†	

(S. Diagramm.)

18)	. . . .	Ke8—d8 e)
19)	f4—f5	Sg6—e7

Stellung nach dem 15. Zuge von Schwarz.

Schwarz.

Weiss.

Stellung nach dem 18. Zuge von Weiss.

Schwarz.

Weiss.

20)	f5—f6	g7—f6:
21)	e5—f6:	Se7—g6
22)	Sd6—f7†	Kd8—c7
23)	Sf7—h8:	Sg6—h8:
24)	De2—e5†	Kc7—b7 f)
25)	Td1—b1	Sh8—g6
26)	De5—d6	c4—c3
27)	f6—f7	c3—c2
28)	Tb1—b6†	a7—b6:
29)	a2—a3	Ta8—a4

	Weiss.	Schwarz.		Weiss.	Schwarz.
30)	f7—f8D	Sg6—f8:	32)	Tf1—c1	Tc4—d4
31)	Dd6—f8:	Ta4—c4.	33)	Df8—f1	Aufgegeben.

a) Schwarz spielt auf Eroberung des Bauern b2 : ob mit Recht, mag der Leser aus dieser Partie ersehen.

b) Weiss hat bereits für einen Bauer eine so gute Entwickelung seiner Figuren erreicht, dass, er voraussichtlich durch diese die Partie zu seinen Gunsten entscheiden wird. Ein zweites Bauernopfer, durch welches er ein wichtiges Tempo gewinnt, ist daher ganz gerechtfertigt.

c) Auch die folgende Fortsetzung, wobei Weiss noch einen Bauer opfert, würde zu seinen Gunsten entscheiden:

	Weiss.	Schwarz.		Weiss.	Schwarz.
14)	Ta1—c1	Dc3—d4	16)	e4—e5	Df6—f4:
15)	Sd2—f3	Dd4—f6			

Zieht Schwarz die Dame nach e7, so folgt 17) f4—f5.

Bei 15) . . . . Dd4—b6 geschieht

16) Sf3—g5. 17) Dd1—d6.

d) Die Partie ist nun für Schwarz nicht mehr zu halten.

e) Auf 18) . . . . Ke8—f8 oder e7 folgt ebenfalls mit Vortheil 19) f4—f5.

f) Noch ungünstiger wäre natürlich 24) . . . . Kc7—d8, worauf Weiss in spätestens 5 Zügen matt setzen würde.

66.

Muzio-Gambit.

	G. R. Neumann.	A. Anderssen.
	Weiss.	Schwarz.
1)	e2—e4	e7—e5
2)	f2—f4	e5—f4:
3)	Sg1—f3	g7—g5
4)	Lf1—c4	g5—g4
5)	0—0	g4—f3:
6)	Dd1—f3:	Dd8—e7
7)	d2—d3 a)	b7—b5
8)	Lc4—b3	b5—b4
9)	Df3—f4:	Sb8—c6
10)	Df4—c7:	

(S. Diagramm.)

Stellung nach dem 10. Zuge von Weiss.

Schwarz.

Weiss.

	Weiss.	Schwarz.
10)	. . . .	Lf8—g7
11)	Lb3—f7†	De7—f7:
12)	Tf1—f7:	Lg7—e5
13)	Dc7—e5† b)	Sc6—e5:
14)	Tf7—f1	Sg8—e7

	Weiss.	Schwarz.
15)	Lc1—f4	d7—d6
16)	Sb1—d2	Lc8—e6
17)	a2—a3	Se7—c6
18)	a3—b4:	Sc6—b4:
19)	Lf4—e5:	d6—e5:
20)	Ta1—a5	Sb4—c6
21)	Ta5—c5	Ke8—d7
22)	Tf1—f6	Ta8—c8
23)	Sd2—f3	

Schwarz.

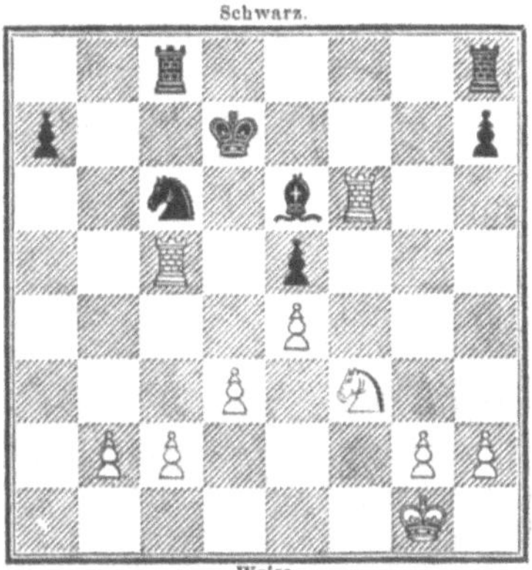

Weiss.

23)	. . . .	Kd7—d6
24)	Tc5—c3	Sc6—d4
25)	Sf3—d4:	e5—d4:
26)	Tc3—a3	Kd6—e7
27)	Tf6—f2	Tc8—c7
28)	c2—c3	Th8—d8
29)	Tf2—d2	Tc7—b7
30)	Ta3—a4 c)	d4—c3:
31)	b2—c3:	Le6—b3
	(S. Diagramm.)	
32)	Ta4—a3	Td8—c8
33)	c3—c4	Tc8—d8
34)	Kg1—f2 (?) d)	Lb3—c4:
35)	Kf2—e3	Lc4—e6
36)	d3—d4	Tb7—b3†

Stellung nach dem 31. Zuge von Schwarz.

Schwarz.

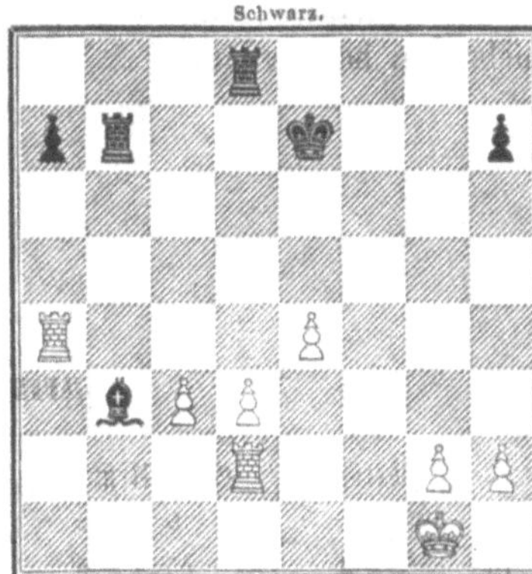

Weiss.

	Weiss.	Schwarz.
37)	Td2—d3	Tb3—a3:
38)	Td3—a3:	Td8—a8
39)	d4—d5	Le6—c8
40)	Ke3—d4	a7—a5
41)	e4—e5	a5—a4
42)	h2—h3	Lc8—d7
43)	g2—g4	Ta8—a5
44)	Kd4—c4	Ld7—e8
45)	Kc4—d4	Le8—f7

Schwarz.

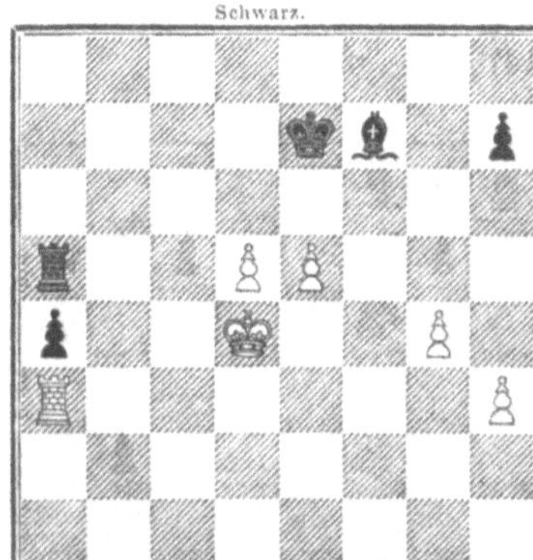

Weiss.

Weiss giebt die Partie auf.

---

a) Dieser Zug ist wohl nicht so stark als 7) Df3—f4:

b) Auf 13) Tf7—d7: Le5—c7: 14) Td7—c7: Lc8—d7 würde der weisse Thurm eine sehr unglückliche Stellung einnehmen.

c) Ein Fehler, durch den Weiss ein Tempo verliert.

d) Hiermit giebt Weiss einen Bauer auf, der sehr gut durch Vorschieben zu halten war.

67.

Springergambit.

	A. Anderssen.	G. R. Neumann.
	Weiss.	Schwarz.
1)	e2—e4	e7—e5
2)	f2—f4	e5—f4:
3)	Sg1—f3	g7—g5
4)	Lf1—c4	Lf8—g7
5)	d2—d4	d7—d6
6)	h2—h4	h7—h6
7)	Dd1—d3	Sb8—c6
8)	h4—g5:	h6—g5:
9)	Th1—h8:	Lg7—h8:
10)	e4—e5	Lh8—g7
11)	Sb1—c3	g5—g4
12)	Dd3—h7	Ke8—f8
13)	Sf3—h4	Sg8—h6
14)	g2—g3	

Schwarz.

Weiss.

14)	....	Dd8—h4: (!)
15)	g3—h4:	Lc8—f5
16)	Dh7—g7†	Kf8—g7:

	Weiss.	Schwarz.
17)	Lc1—f4:	d6—e5:
18)	d4—e5:	Lf5—c2:
19)	Ke1—d2	Lc2—g6
20)	h5—h4 a)	

Schwarz.

Weiss.

20)	....	Ta8—d8†
21)	Kd2—c2	Lg6—f5
22)	Ta1—f1	Sc6—d4†
23)	Ke2—f2	Sd4—e6
24)	Lf4—h6†	Kg7—h6:
25)	Kf2—g3	Kh6—g5
26)	Lc4—d5	c7—c6
27)	Ld5—e4	Se6—g7
28)	h5—h6	Sg7—h5†
29)	Kg3—h2	Td8—d2†
30)	Kh2—g1	Sh5—g3
	(S. Diagramm.)	
31)	Le4—f5:	Sg3—f1:
32)	Sc3—e4†	Kg5—h6: b)

Stellung nach dem 30. Zuge von Schwarz.

Schwarz.

Weiss.

	Weiss.	Schwarz.
33)	Se4—d2:	Sf1—d2:
34)	Lf5—g4:	Sd2—c4
35)	e5—e6	f7—e6:
36)	Lg4—e6: c)	Sc4—b2:
37)	Kg1—f2	Kh6—g6
38)	Kf2—e3	Kg6—f6
39)	Le6—b3	Kf6—e5
40)	Lb3—g8	b7—b5
41)	Lg8—f7	c6—c5
42)	Lf7—g8	a7—a5
43)	Lg8—f7	c4—c5
44)	Ke3—d2	Ke5—d4
45)	Kd2—c2	Sb2—d3
46)	Lf7—e8	b5—b4
47)	Le8—f7	Sd3—c5
48)	Lf7—g8	a5—a4
49)	Lg8—f7	b4—b3†
50)	a2—b3:	a4—b3‡
51)	Kc2—b2	c4—c3†

Weiss giebt die Partie auf.

---

a) Dieser Zug ist nur scheinbar gut. Schwarz darf den Bauer allerdings im Augenblicke nicht nehmen; da er indess nicht mehr genügend gedeckt werden kann, so wird er früher oder später eine sichere Beute.

b) Es ist leicht zu sehen, dass Schwarz den Läufer nicht nehmen darf.

c) Durch 36) b2—b3 hätte Weiss den Verlust noch eines Bauern vermieden.

68.

Evans-Gambit.

	G. R. Neumann. Weiss.	A. Anderssen. Schwarz.
1)	e2—e4	e7—e5
2)	Sg1—f3	Sb8—c6
3)	Lf1—c4	Lf8—c5
4)	b2—b4	Lc5—b4:
5)	c2—c3	Lb4—c5
6)	0—0	d7—d6
7)	d2—d4	e5—d4:
8)	c3—d4:	Lc5—b6
9)	Sb1—c3	Sc6—a5
10)	Lc4—d3	Sg8—e7
11)	Lc1—b2	0—0
12)	Sc3—e2a)	Se7—g6 b)
13)	Se2—g3	Lc8—d7

	Weiss.	Schwarz.
14)	Dd1—d2	a7—a6
15)	Ta1—c1	Ld7—b5
16)	Sg3—f5 (?) c)	

Schwarz.

Weiss.

16)	....	Lb5—d3:
17)	Dd2—d3:	Sa5—c6
18)	Kg1—h1	d6—d5
19)	e4—e5	Dd8—d7
20)	g2—g4	Sc6—d8
21)	Sf3—g1	Sd8—e6
22)	Sg1—e2	

Schwarz.

Weiss.

22)	....	c7—c5
23)	f2—f4	c5—d4:
24)	Lb2—a3	Tf8—c8
25)	Sf5—d6	Tc8—c1:
26)	La3—c1:	f7—f6

	Weiss.	Schwarz.
27)	Dd3—b3	Dd7—c6
28)	Lc1—a3	f6—e5:
29)	Tf1—c1	Lb6—c5
30)	f4—e5:	Sg6—e5:
31)	Sd6—b7:	

Schwarz.

Weiss.

31)	....	Ta8—b8
32)	Db3—g3	Tb8—b7:
33)	Dg3—e5:	d4—d3
34)	La3—c5:	

Schwarz.

Weiss.

34)	....	d5—d4†
35)	Kh1—g1	d3—e2:
36)	De5—e2:	Se6—f4
37)	De2—f1	Tb7—b2

Weiss giebt die Partie auf.

a) Hier ist 12) d4—d5 der stärkste Zug.

b) 12) . . . . d6—d5 verdient nach unserer Ansicht den Vorzug.

c) Statt dessen musste durchaus d4—d5 geschehen. Die Unterlassung dieses Zuges benutzt Schwarz vortrefflich. Ueberhaupt spielt Anderssen von hier an die Partie mit voller Kraft.

69.

Spanische Partie.

	G. R. Neumann.	A. Anderssen.
	Weiss.	Schwarz.
1)	e2—e4	e7—e5
2)	Sg1—f3	Sb8—c6
3)	Lf1—b5	Sg8—e7
4)	d2—d4 (!)	e5—d4:
5)	0—0	d7—d5 (?) a)
6)	Tf1—e1	Lc8—g4
7)	Dd1—d4:	Lg4—f3:
8)	g2—f3:	d5—e4:
9)	Dd4—e4:	Dd8—d6
10)	Lb5—c6† b)	Dd6—c6:
11)	De4—c6†	b7—c6:
12)	Lc1—e3	

Schwarz

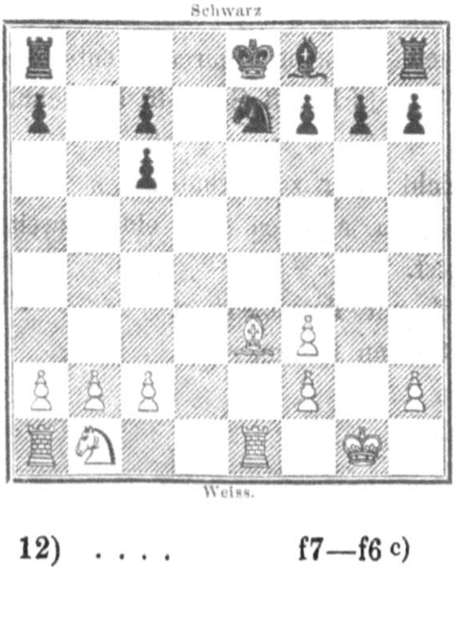

Weiss

12)	. . . .	f7—f6 c)
13)	Sb1—c3	Ke8—f7
14)	Ta1—d1	Se7—d5 d)
15)	Sc3—d5:	c6—d5:
16)	Td1—d5:	Lf8—d6
17)	c2—c4	Th8—e8
18)	c4—c5	Ld6—e5

Schwarz.

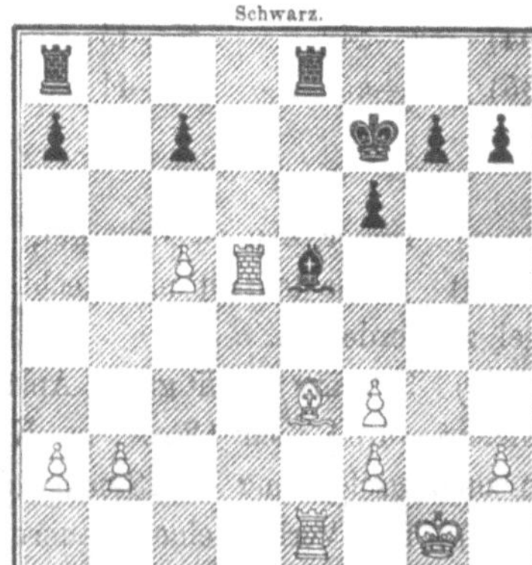

Weiss.

19)	Td5—d7†	Kf7—g6
20)	Kg1—h1	Ta8—b8
21)	b2—b3	Kg6—f5 e)
22)	Td7—g7:	h7—h5
23)	c5—c6	Tb8—b4
24)	Le3—d2	Tb4—h4
25)	f3—f4	

Schwarz.

Weiss.

Schwarz.

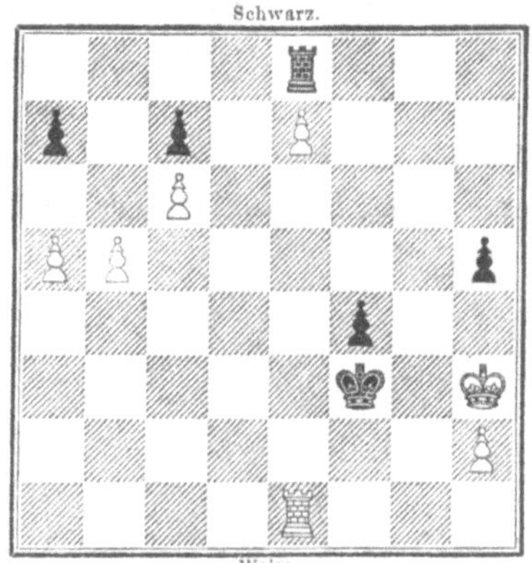

Weiss.

	Weiss.	Schwarz.		Weiss.	Schwarz.
25)	. . . .	Te8—d8	36)	b5—b6	Kf3—f2
26)	f4—e5:	Td8—d2:	37)	Te1—e4	a7—b6: f)
27)	e5—e6	Td2—f2:	38)	a5—b6:	c7—b6:
28)	Tg7—g2	Tf2—g2:	39)	c6—c7	f4—f3
29)	Kh1—g2:	Th4—g4†	40)	Te1—e6	Kf2—g1
30)	Kg2—h3	Tg4—g8	41)	Te6—g6†	Kg1—f1
31)	b3—b4	Tg8—e8	42)	Tg6—b6: g)	f3—f2
32)	e6—e7	Kf5—f4	43)	Kh3—h4	Kf1—g1
33)	b4—b5	Kf4—f3	44)	Tb6—b1†	f2—f1D
34)	a2—a4	f6—f5	45)	Tb1—f1†	Kg1—f1:
35)	a4—a5	f5—f4	46)	Kh4—h5: und Weiss gewinnt.	

---

a) Dieser Zug ist nicht gut, wie wir bereits aus Partie 2 ersehen haben.

b) Weiss tauscht mit Recht, um die Bauernstellung auf dem Damenflügel zu verderben.

c) Schwarz macht grosse Anstrengungen, um seine Figuren zu entwickeln. Vielleicht würde noch 12) . . . . Ke8—d7 13) Sb1—c3 Se7—f5 am schnellsten zur Ausgleichung der Spiele führen.

d) Der Verlust eines Bauern war nicht mehr zu verhüten.

e) Am besten! Weiss hätte auf jeden anderen Zug einen zweiten Bauer mit noch grösseren Vortheilen erbeutet.

f) 36) . . . . Kf2—f3 wäre natürlich nur Tempoverlust.

g) Auch 42) Kh3—g3 würde zum Gewinn führen.

70.

Spanische Partie.

G. R. Neumann. Weiss.		A. Anderssen. Schwarz.
1)	e2—e4	e7—e5
2)	Sg1—f3	Sb8—c6
3)	Lf1—b5	Sg8—f6
4)	0—0	Sf6—e4:
5)	d2—d4	Lf8—e7
6)	Dd1—e2	Se4—d6
7)	Lb5—c6:	b7—c6:
8)	d4—e5:	Sd6—b7
9)	Lc1—e3	0—0
10)	Tf1—d1	Dd8—e8
11)	Sb1—c3	Sb7—d8
12)	Sf3—d4	f7—f5
13)	f2—f4	De8—g6
14)	Sd4—f3	Sd8—e6
15)	De2—f2	h7—h6
16)	Sc3—a4	a7—a5
17)	c2—c4	d7—d6
18)	c4—c5	d6—c5:
19)	Ta1—c1	Lc8—a6
20)	Td1—d7 a)	Tf8—f7
21)	b2—b3 (?)	

(S. Diagramm.)

Stellung nach dem 21. Zuge von Weiss.

Schwarz.

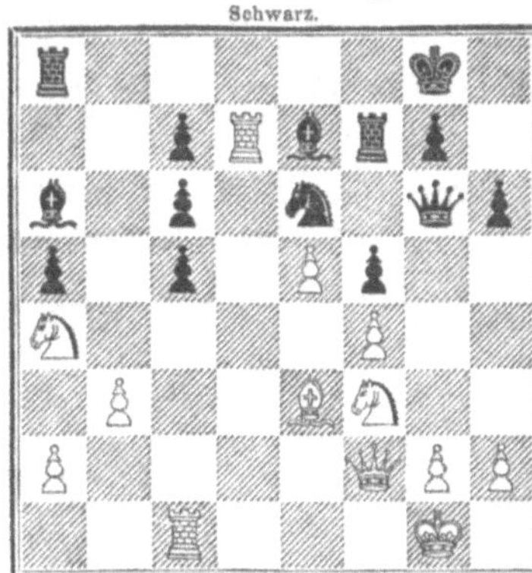

Weiss.

21)	. . . .	c5—c4
22)	b3—c4:	Le7—a3
23)	Td7—d1 b)	La3—c1:
24)	Td1—c1:	Ta8—d8
25)	Sa4—c5	Se6—c5:
26)	Le3—c5:	La6—c8
27)	Sf3—d4	Kg8—h7
28)	Tc1—e1	Lc8—e6
29)	Sd4—c6:	Td8—d3
30)	Sc6—d4	Tf7—d7
31)	h2—h3	Td7—d8
32)	Sd4—c6	Td3—d2

Schwarz.

Weiss.

33)	Sc6—d8:	Td2—f2:
34)	Kg1—f2:	Le6—c4:
35)	e5—e6	Lc4—d5
36)	g2—g3	Dg6—h5
37)	Te1—e3	Dh5—d1
38)	e6—e7	Ld5—c4
39)	g3—g4	g7—g5

Weiss giebt die Partie auf. (?) d)

---

a) Ein Fehler, der sich im 23. Zuge durch Qualitätsverlust rächt.

b) Weiss könnte die Qualität durch 23) Tc1—d1 retten; indess würde er damit den Bauer c4 preisgeben und dem schwarzen Damenläufer zu einer guten Stellung verhelfen.

c) Auf 28) . . . . Td8—e8 würde 29) Df2—e2 folgen.

d) Weiss giebt mit Unrecht die Partie auf, da Schwarz auf 40) e7—e8D nur Remis erzielen kann:

	Weiss.	Schwarz.		Weiss.	Schwarz.
40)	e7—e8D	Dd1—f1†	43)	Kg2—g3	f5—f4†
41)	Kf2—g3	Df1—f4‡	44)	Kg2—h2	Df1—f2†
42)	Kg3—g2	Df4—f1†	45)	Kh2—h1	

und Schwarz kann nichts thun als mit der Dame ewiges Schach bieten, da bei 46) . . . . Lc4—d5† 47) Te3—e4 Df2—c5: Weiss Remis halten würde.

71.

Evans-Gambit.

	A. Anderssen. Weiss.	C. Mayet. Schwarz.
1)	e2—e4	e7—e5
2)	Sg1—f3	Sb8—c6
3)	Lf1—c4	Lf8—c5
4)	b2—b4	Lc5—b4:
3)	c2—c3	Lb4—c5
4)	0—0	d7—d6
5)	d2—d4	e5—d4:
6)	c3—d4:	Lc5—b6
7)	d4—d5	Sc6—b8 (?)
8)	Lc1—b2	Sg8—f6
9)	e4—e5	d6—e5:
10)	Sf3—e5:	0—0

Schwarz.

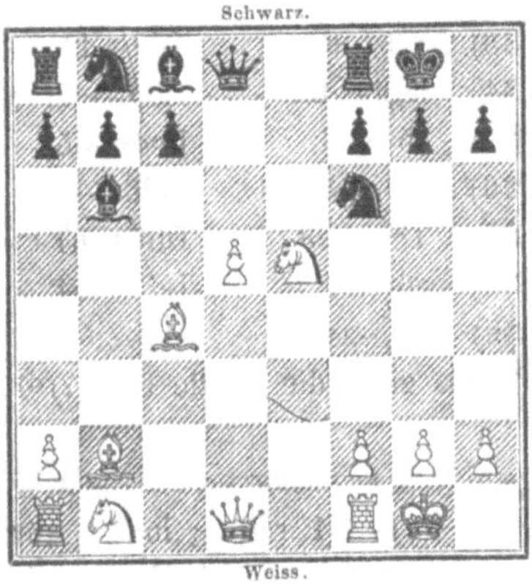

Weiss.

11)	Sb1—c3	Sb8—d7

	Weiss.	Schwarz.
12)	Se5—f3	Tf8—e8
13)	Sc3—e2	Lb6—c5
14)	Se2—g3	a7—a6
15)	Dd1—c2	b7—b5
16)	Lc4—d3	Lc5—d6
17)	Sg3—e4	Sf6—d5: a)
18)	Se4—d6:	c7—d6:
19)	Ld3—h7‡	Kg8—f8
20)	Tf1—e1	Te8—e1‡
21)	Ta1—e1:	Lc8—b7
22)	Dc2—f5	Sd5—f6
23)	Sf3—g5	Lb7—d5
24)	Df5—h3	Dd8—a5
25)	Lb2—c3	b5—b4

Schwarz.

Weiss.

	Weiss.	Schwarz.
26)	Lh7—f5	Kf8—g8
27)	Lc3—f6:	Sd7—f6:
28)	Sg5—h7	

(S. Diagramm.)

28)	....	Sf6—e8
29)	Sh7—f8	Se8—f6
30)	Sf8—d7	Ld5—e6
31)	Te1—e6:	Aufgegeben.

Schwarz.

Weiss.

a) Schwarz will offenbar seinem Damenläufer, der auf b7 postirt werden soll, die Diagonale frei machen und giebt deshalb den Bauer h7 für den Bauer d5. Leider geräth jedoch sein König bald in so üble Lage, dass der arme Läufer, mit dem er es so wohl meinte, keine andere Mission findet, als für das unglückliche Oberhaupt in den Tod zu gehen.

72.

Mittelgambit gegen Läufergambit.

	C. Mayet. Weiss.	A. Anderssen. Schwarz.
1)	e2—e4	e7—e5
2)	f2—f4	e5—f4:
3)	Lf1—c4	d7—d5
4)	e4—d5:	Dd8—h4†
5)	Ke1—f1	Lf8—d6
6)	Sg1—f3	Dh4—h5
7)	Sb1—c3	Lc8—f5
8)	Kf1—f2	Sg8—e7
9)	Th1—e1	g7—g5
10)	Sc3—b5	Sb8—d7
11)	d2—d4	g5—g4
12)	Sb5—d6†	c7—d6:
13)	Dd1—e2	

(S. Diagramm.)

13)	....	0—0—0
14)	De2—e7:	g4—f3:

Stellung nach dem 13. Zuge von Weiss.

Schwarz.

Weiss.

15)	Lc1—f4:	Dh5—g4
16)	g2—g3	Sd7—b6
17)	Lc4—f1	Sb6—d5:
18)	h2—h3	Dg4—g6

	Weiss.	Schwarz
19)	De7—h4	h7—h6 a)
20)	Kf2—f3:	Sd5—f6
21)	Te1—e3	Lf5—e4†
22)	Kf3—f2	Sf6—d5
23)	Te3—a3	f7—f5 (?)
24)	Ta3—a7:	Kc8—b8
25)	Ta7—a5	Dg6—g7
26)	c2—c3	Dg7—c7
27)	Ta5—a3	Td8—e8
28)	Ta1—c1	Te8—e6
29)	c3—c4	

Schwarz.

Weiss.

	Weiss	Schwarz.
29)	. . . .	Dc7—b6
30)	c4—d5:	Db6—b2‡
31)	Lf1—e2	Le4—d5:
32)	Ta3—e3	Th8—e8
33)	Lf4—d6‡	Kb8—a7
34)	Te3—a3† b)	Db2—a3:
35)	Ld6—a3:	Te6—e2‡
36)	Kf2—f1	Te2—h2
37)	g3—g4	f5—f4

Schwarz.

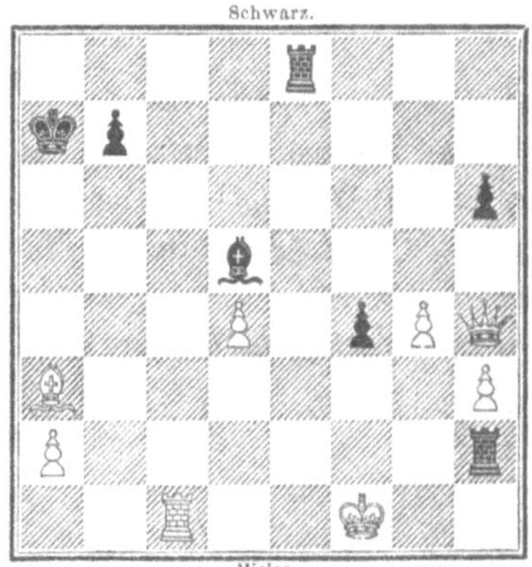

Weiss.

Remis.

---

a) Schwarz ist bemüht, einen Angriff auf den König zu erlangen. Da dessen Erfolglosigkeit jedoch vorauszusehen ist, so wäre es natürlicher, auf Bauerngewinn zu spielen.

b) Dieser Zug, der freilich sehr verlockend war, giebt dem Weissen Gelegenheit, die Partie remis zu machen.

73.

Spanische Partie.

	A. Anderssen. Weiss.	G. R. Neumann. Schwarz.
1)	e2—e4	e7—e5
2)	Sg1—f3	Sb8—c6
3)	Lf1—b5	Sg8—f6

	Weiss.	Schwarz.
4)	d2—d3	d7—d6
5)	Lb5—c6‡	b7—c6:
6)	h2—h3	Lf8—e7
7)	Sb1—c3	0—0

	Weiss.	Schwarz.
8)	0—0	c6—c5
9)	Sc3—e2	Sf6—h5
10)	g2—g4	Sh5—f6
11)	Se2—g3	h7—h5

Schwarz.

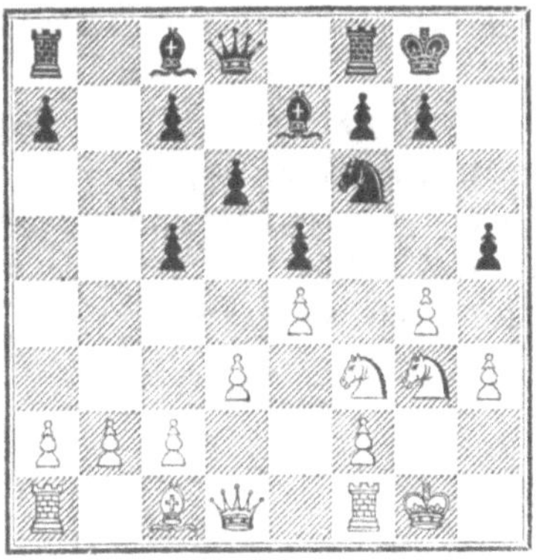

Weiss

12)	Sf3—h2	h5—g4:
13)	h3—g4:	Sf6—h7
14)	Kg1—g2	g7—g6
15)	Tf1—h1 a)	f7—f5
16)	g4—f5:	g6—f5:
17)	Dd1—h5	Dd8—e8

Schwarz.

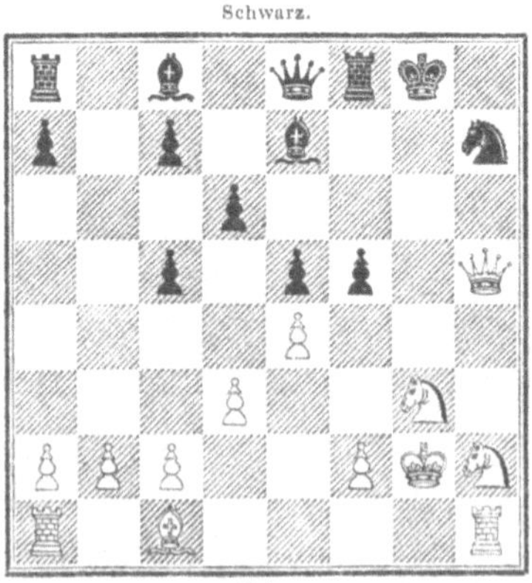

Weiss.

18)	Dh5—h6 b)	Tf8—f6
19)	Dh6—h3	f5—f4
20)	Sh2—g4	De8—g6
21)	Sg4—f6† (?)	Sh7—f6:

	Weiss.	Schwarz.
22)	Dh3—h8†	Kg8—f7

Schwarz.

Weiss.

23)	Lc1—d2 c)	f4—g3:
24)	f2—g3:	Lc8—b7
25)	Dh8—h6	Ta8—g8
26)	Dh6—g6†	Tg8—g6:
27)	Th1—f1	c5—c4
28)	a2—a4	Kf7—e6
29)	a4—a5	d6—d5
30)	a5—a6	Lb7—c6
31)	e4—d5:	Lc6—d5†
32)	Kg2—h2	Tg6—g8 d)

Schwarz.

Weiss.

33)	Ta1—a5	Tg8—h8†
34)	Kh2—g1	Sf6—g4
35)	Ta5—d5: e)	Ke6—d5:

	Weiss.	Schwarz.		Weiss.	Schwarz.
36)	d3—c4†	Kd5—c4:	40)	Tf1—a1†	Ka6—b7
37)	b2—b3†	Kc4—b5	41)	Ld2—e1	Td8—d4
38)	c2—c4†	Kb5—a6:		Weiss giebt die Partie auf.	
39)	b3—b4	Th8—d8			

a) Stärker wäre wohl 15) Lc1—h6 und auf 15) .... Tf8—e8 16) f2—f4.

b) Weiss überschätzt seinen Angriff und unterlässt deshalb den Damentausch. Die Partie wurde übrigens ausserordentlich schnell gespielt.

c) Auf 23) Th1—h6 würde Schwarz durch 23) .... Lc8—h3† gewinnen.

d) Hiermit ist der Sieg für Schwarz entschieden.

e) Die einzige Möglichkeit, ein schnelles Matt abzuwehren.

74.

Evans-Gambit.

	A. Anderssen. Weiss.	G. R. Neumann. Schwarz.
1)	e2—e4	e7—e5
2)	Sg1—f3	Sb8—c6
3)	Lf1—c4	Lf8—c5
4)	b2—b4	Lc5—b4:
5)	c2—c3	Lb4—c5
6)	0—0	d7—d6
7)	d2—d4	e5—d4:
8)	c3—d4:	Lc5—b6
9)	d4—d5	Sc6—a5
10)	Lc1—b2	Sg8—e7
11)	Lc4—d3	0—0
12)	Sb1—c3	Se7—g6
13)	Sc3—e2	c7—c5
14)	Kg1—h1	f7—f6
15)	Sf3—e1	Lc8—d7
16)	f2—f4	Ta8—c8
17)	f4—f5	Sg6—e5
	(S. Diagramm.)	
18)	Se2—f4	c5—c4
19)	Ld3—e2 a)	c4—c3

Stellung nach dem 17. Zuge von Schwarz.

Schwarz.

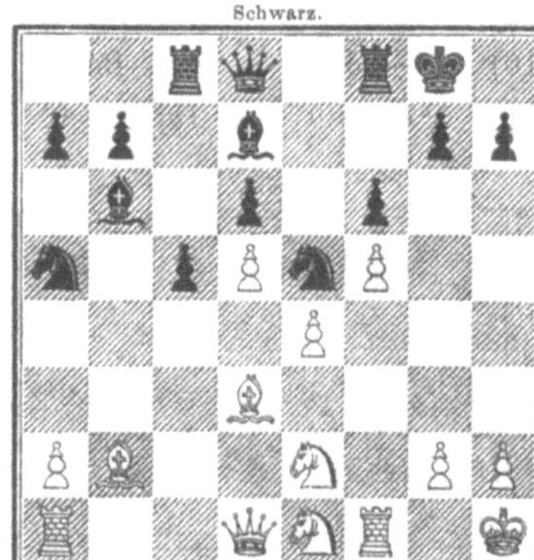

Weiss.

	Weiss.	Schwarz.
20)	Lb2—c1	c3—c2
21)	Dd1—d2	Sa5—c4
22)	Le2—c4:	Se5—c4:
23)	Dd2—e2	Lb6—d4
	(S. Diagramm.)	
24)	Se1—c2:	Ld4—a1:
25)	Sc2—a1:	Sc4—e5

Stellung nach dem 23. Zuge von Schwarz.

Schwarz.

Weiss.

	Weiss.	Schwarz.
26)	Sa1—b3	Tc8—c4
27)	Sf4—e6	Ld7—e6:
28)	d5—e6:	Dd8—c7
29)	Lc1—a3	b7—b5
30)	De2—d2	Tf8—d8
31)	Sb3—d4	Dc7—b6
32)	Sd4—f3	Se5—f3: (?)
33)	g2—f3:	Tc4—d4
34)	Dd2—g2	Td4—a4 b)
35)	Tf1—g1	Db6—c7

Schwarz.

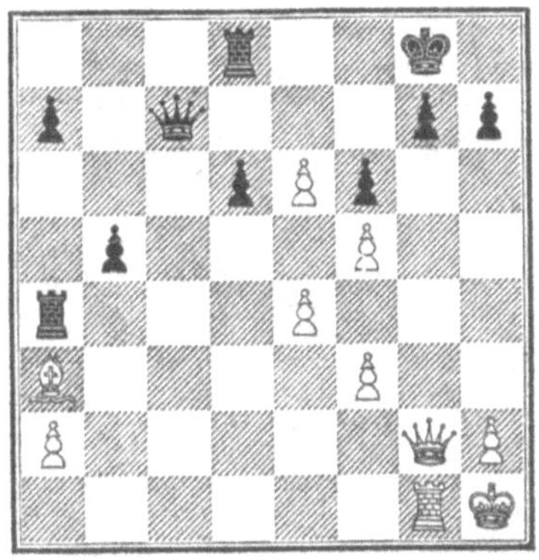

Weiss.

Weiss zieht und gewinnt.

---

a) Hierauf verliert Weiss die Qualität gegen einen Bauer. Es musste durchaus 19) Ld3—c2 geschehen.

b) Dieser Zug kostet die Partie. 33) .... Kg8—h8 kätte den Gewinn gesichert.

75.

Kiseritzky-Gambit.

	A. Anderssen. Weiss.	V. Knorre. Schwarz.
1)	e2—e4	e7—e5
2)	f2—f4	e5—f4:
3)	Sg1—f3	g7—g5
4)	h2—h4	g5—g4
5)	Sf3—e5	Lf8—g7
6)	Se5—g4:	d7—d5
7)	Sg4—f2	d5—e4:
8)	Sf2—e4:	Dd8—e7
9)	Dd1—e2	Sb8—c6
10)	c2—c3	Sg8—h6
11)	Se4—g5	Lc8—g4
12)	De2—e7†	Sc6—e7:
13)	Lf1—c4	0—0

	Weiss.	Schwarz.
14)	0—0	Sh6—f5
15)	Tf1—f4:	h7—h5
16)	d2—d4	Se7—g6
17)	Tf4—f1	Sg6—h4:
18)	Lc1—f4	

Schwarz.

Weiss.

18)	....	Lg7—h6 a)
19)	Sg5—f7:	Lh6—f4:
20)	Sf7—g5†	Kg8—h8
21)	Tf1—f4:	Sf5—e3
22)	Tf4—f8‡	Ta8—f8:
23)	Sb1—d2	Sh4—g2:
24)	Lc4—b3	Sg2—f4
25)	Sd2—e4	

(S. Diagramm.)

25)	....	Sf4—e2†
26)	Kg1—h2	Tf8—f4
27)	Ta1—e1	Kh8—g7 (?)
28)	Te1—e2:	Tf4—e4:
29)	Sg5—e4:	Lg4—e2:
30)	Se4—c5	Se3—c4
31)	Sc5—e6†	Kg7—f6

Stellung nach dem 25. Zuge von Weiss.

Schwarz.

Weiss.

	Weiss.	Schwarz.
32)	Se6—f4	

Schwarz.

Weiss.

32)	....	Le2—f1
33)	Kh2—g1	Kf6—f5
34)	Kg1—f1:	Sc4—d2†
35)	Kf1—f2	Sd2—b3: (?)
36)	Sf4—h5:	Sb3—c1
37)	Sh5—g3†	Kf5—e6
38)	Kf2—e3	Sc1—a2:
39)	Ke3—d3	b7—b5
40)	Kd3—c2	Aufgegeben.

---

a) Auf 18) .... Sf5—d4: 19) c3—d4: Lg7—d4‡ 20) Kg1—h1 Ld4—b2: 21) Sb1—d2 Lb2—a1: 22) Tf1—a1: hätte Schwarz Thurm und zwei Bauern für zwei leichte Offiziere, Weiss dagegen ein entschiedenes Uebergewicht in der Stellung erlangt.

76.

Evans-Gambit.

	G. R. Neumann. Weiss.	A. Anderssen. Schwarz.
1)	e2—e4	e7—e5
2)	Sg1—f3	Sb8—c6
3)	Lf1—c4	Lf8—c5
4)	b2—b4	Lc5—b4:
5)	c2—c3	Lb4—c5
6)	0—0	d7—d6
7)	d2—d4	e5—d4:
8)	c3—d4:	Lc5—b6
9)	d4—d5	Sc6—a5
10)	Lc1—b2	Sg8—e7
11)	Lc4—d3	0—0
12)	Sb1—c3	Se7—g6
13)	Sc3—e2	c7—c5
14)	Dd1—d2	f7—f6
15)	Kg1—h1	Lb6—c7
16)	Sf3—e1	Lc8—d7
17)	f2—f4	b7—b5
18)	Sg1—f3	b5—b4
19)	Ta1—c1	Lc7—b6
20)	f4—f5	Sg6—e5
21)	Lb2—e5:	d6—e5:
22)	Sf3—h4	Ta8—c8

Schwarz.

Weiss.

23)	Ld3—a6 a)	Tc8—b8

	Weiss.	Schwarz.
24)	Tf1—f3	Ld7—a4
25)	Tf3—h3	b4—b3
26)	Se2—c3	La4—e8
27)	Dd2—e2	c5—c4 b)

Schwarz.

Weiss.

28)	La6—c4:	Sa5—c4:
29)	De2—c4:	b3—b2
30)	Tc1—b1	Lb6—d4
31)	Dc4—e2	Dd8—c8
32)	De2—c2	Ld4—c3:
33)	Ta3—c3:	Le8—a4
34)	Dc2—d2 c)	Dc8—a6
35)	Sh4—f3	Tb8—b4
36)	d5—d6	h7—h6
37)	d6—d7	Tb4—b8

(S. Diagramm.)

38)	Tb1—b2:	Tb8—b2:
39)	Dd2—b2:	La4—d7:
40)	h2—h3	Kg8—h7
41)	Kh1—h2	Ld7—c6
42)	Db2—b4	Tf8—c8
43)	Db4—c4	Da6—c4:
44)	Tc3—c4:	g7—g6

Stellung nach dem 37. Zuge von Schwarz.

Schwarz.

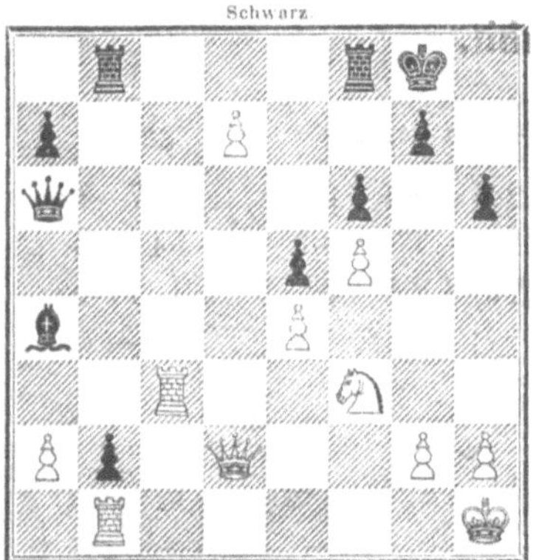

Weiss.

	Weiss.	Schwarz.
45)	g2—g4	h6—h5
46)	Kh2—g3	h5—g4:
47)	h3—g4:	g6—f5:
48)	e4—f5:	Kh7—g7
49)	g4—g5	Lc6—d7
50)	Tc4—c8:	Ld7—c8:
51)	Kg3—g4	f6—g5:
52)	Sf3—g5:	Lc8—b7
53)	Sg5—e6†	Kg7—f6
54)	Se6—c5	Lb7—c6
55)	a2—a3	a7—a5
56)	Sc5—b3	Lc6—d7
57)	Sb3—a5:	Ld7—f5†
58)	Kg4—f3	

Remis.

---

a) Das einzige Mittel, um das Vordringen des c-Bauern zu verhindern.

b) Durch dieses Bauernopfer werden die weissen Figuren von dem Angriff auf den Königsflügel abgelenkt.

c) Auf 34) Tc3—c8: würde folgen: 34) . . . . Tf8—c8: 35) Dc2—d2 La4—c2.

77.

Spanische Partie.

	G. R. Neumann. Weiss.	A. Anderssen. Schwarz.
1)	e2—e4	e7—e5
2)	Sg1—f3	Sb8—c6
3)	Lf1—b5	Sg8—f6
4)	0—0	Sf6—e4:
5)	d2—d4	Lf8—e7
6)	Dd1—e2	Se4—d6
7)	Lb5—c6:	b7—c6:
8)	d4—e5:	Sd6—b7
9)	Lc1—e3	0—0
10)	Tf1—d1	Dd8—e8
11)	Sb1—c3	d7—d5
12)	Sf3—d4	Sb7—c5
13)	f2—f4	Sc5—e6
14)	Sd4—f3	f7—f5
15)	De2—f2	g7—g5
16)	g2—g3	g5—f4:
17)	g3—f4:	Kg8—h8

	Weiss.	Schwarz.
18)	Kg1—h1	Lc8—b7

Schwarz.

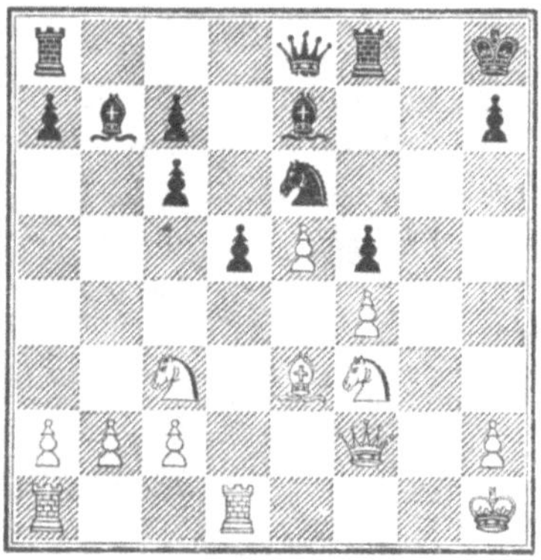

Weiss.

19)	b2—b4	De8—h5
20)	Td1—d4 a)	Se6—d4:
21)	Le3—d4:	h7—h6
22)	Ta1—b1 (?)	Tf8—g8
23)	Sc3—e2	Tg8—g4
24)	Se2—g3	Dh5—g6

(S. Diagramm.)

Stellung nach dem 24. Zuge von Schwarz.

Schwarz.

Weiss.

25)	e5—e6†	Le7—f6
26)	Df2—e3	Kh8—h7
27)	Sf3—c5	Lf6—e5:
28)	De3—e5:	Ta8—c8
29)	Sg3—f5:	Lb7—a6
30)	Tb1—e1	Dg6—h5
31)	Sf5—e3	

(S. Diagramm.)

Stellung nach dem 31. Zuge von Weiss.

Schwarz.

Weiss.

	Weiss.	Schwarz.
31)	....	Dh5—e5:
32)	Ld4—e5:	Tg4—h4 b)
33)	Te1—g1	Aufgegeben.

---

a) Sf3—d4 hätte genügt, um den drohenden Läufer b7 in Banden zu halten. Weiss hofft jedoch nach 20) .... Se6—d4: auf eine günstige Verwerthung seines Damenläufers auf dem Felde d4.

b) Auf den stärkeren Zug Tg4—g8 würde Weiss ebenfalls durch seine Freibauern gewinnen.

78.

Springergambit.

	A. Anderssen.	G. R. Neumann.
	Weiss.	Schwarz.
1)	e2—e4	e7—e5
2)	f2—f4	e5—f4:
3)	Sg1—f3	g7—g5
4)	Lf1—c4	Lf8—g7
5)	d2—d4	d7—d6
6)	h2—h4	h7—h6
7)	Sb1—c3	Sb8—c6
8)	Sc3—e2	Dd8—e7
9)	Dd1—d3	Lc8—d7
10)	c2—c3	0—0—0
11)	b2—b4	

Schwarz.

Weiss.

11)	....	f7—f5 a)
12)	e4—f5:	Td8—f8

	Weiss.	Schwarz.
13)	Lc4—e6	d6—d5
14)	Le6—d7†	Kc8—d7:
15)	a2—a4	De7—f6
16)	h4—g5:	h6—g5:
17)	Th1—h8:	Lg7—h8:
18)	g2—g4	

Schwarz.

Weiss.

18)	....	f4—g3: (?) b)
19)	Se2—g3:	Df6—e7†
20)	Ke1—f2	Lh8—f6
21)	b4—b5	Sc6—d8
22)	Lc1—a3	De7—g7
23)	La3—f8:	Dg7—f8:
24)	Sf3—e5†	Aufgegeben.

---

a) Ein arger Fehler! Es musste zunächst Td8—f8 geschehen, wodurch sich Schwarz die bessere Stellung gesichert hätte.

b) Weit besser wäre 18).... Sg8—h6 und auf 19) Sf3—h2 Sh6—f7 nebst 20) .... Sf7—d6.

79.

Springergambit.

A. Anderssen. Weiss.		G. R. Neumann. Schwarz.
1)	e2—e4	e7—e5
2)	f2—f4	e5—f4:
3)	Sg1—f3	g7—g5
4)	Lf1—c4	Lf8—g7
5)	d2—d4	d7—d6
6)	h2—h4	h7—h6
7)	Dd1—d3	Sb8—c6
8)	h4—g5:	h6—g5:
9)	Th1—h8:	Lg7—h8:
10)	e4—e5	Lf8—g7
11)	Sb1—c3	g5—g4
12)	Dd3—h7	Ke8—f8
13)	Dh7—h5	Dd8—e8

Schwarz.

Weiss.

14)	Lc1—f4:a)	g4—f3:
15)	0—0—0	d6—e5:
16)	d4—e5:	Lc8—e6
17)	Lc4—d3	f3—g2:
18)	Dh5—h2	Le6—g4
19)	Td1—e1	De8—e6
20)	Dh2—g2:	Sc6—e5: b)
	(S. Diagramm).	
21)	Kc1—b1	c7—c6
22)	Ld3—h7	f7—f5

Stellung nach dem 20. Zuge von Schwarz.

Schwarz.

Weiss.

23)	Sc3—d1	Lg4—d1:
24)	Lh7—g8:	De6—g8:
25)	Te1—d1:	Dg8—e6
26)	Td1—g1	Se5—g4
27)	Dg2—g3	Ta8—d8
28)	Tg1—e1	Lg7—e5

Schwarz.

Weiss.

29)	Dg3—h4	De6—d6
30)	Lf4—c1	Td8—d7
31)	b2—b3	Dd6—d4

Weiss giebt die Partie auf.

a) Zöge Weiss 14) Sf3—g5, so würde Schwarz am besten mit 14).... Sg8—f6 antworten; denn auf 15) Dh5—f7† De8—f7: 16) Sg5—f7: d6—e5: 17) d4—e5: Sf6—h5 würde Schwarz den Bauer e5 ohne jeden Positionsnachtheil erobern.

b) Schwarz sucht mit einem geringen Verluste (was ihm seine Mittel erlauben) das Spiel zu vereinfachen: nach 21) Lf4—e5: Lg7—e5: 22) Te1—e5: De6—e5: 23) Dg2—g4: würde Schwarz durch das Uebergewicht von Qualität und einem Freibauer das Spiel sehr schnell zu seinen Gunsten entscheiden.

80.

Evans-Gambit.

	V. Knorre. Weiss.	A. Anderssen. Schwarz.
1)	e2—e4	e7—e5
2)	Sg1—f3	Sb8—c6
3)	Lf1—c4	Lf8—c5
4)	b2—b4	Lc5—b4:
5)	c2—c3	Lb4—c5
6)	0—0	d7—d6
7)	d2—d4	e5—d4:
8)	c3—d4:	Lc5—b6
9)	d4—d5	Sc6—a5
10)	Lc1—b2	Sg8—e7
11)	Lc4—d3	0—0
12)	Sb1—c3	Se7—g6
13)	Sc3—e2	c7—c5
14)	Se2—g3	a7—a6
15)	Dd1—d2	f7—f6
16)	Ta1—c1	Lc8—d7
17)	Kg1—h1	Ld7—b5
18)	Sf3—e1	Sg6—e5
19)	Lb2—e5:	f6—e5:
20)	f2—f4	

(S. Diagramm.)

20)	....	Lb5—d3:
21)	Dd2—d3: a)	c5—c4 b)
22)	Dd3—e2 (?)	Tf8—f4:
23)	Tf1—f4:	e5—f4:
24)	Sg3—f5	Dd8—f6
25)	De2—f1	g7—g6

Stellung nach dem 20. Zuge von Weiss.

Schwarz.

Weiss.

26)	Sf5—g3	Lb6—e3
27)	Tc1—c2	Df6—d4
28)	Se1—f3	Dd4—d3

Schwarz.

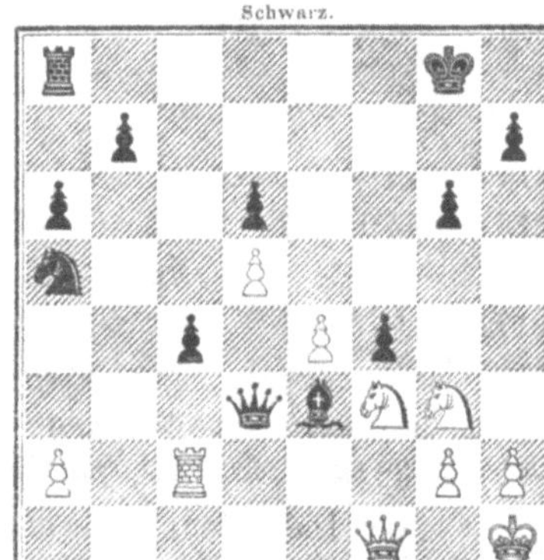

Weiss.

Weiss giebt die Partie auf.

a) Ein Fehler. Se1—d3: hätte eine gute Angriffsposition bewahrt.

b) Merkwürdiger Weise unterlässt hier Anderssen den richtigen Zug Tf8—f4:, der nun auf einen zweiten Fehlzug von Weiss das Spiel zu seinen Gunsten entscheidet.

81.

Italienische Partie.

	V. Knorre. Weiss.	A. Anderssen. Schwarz.
1)	e2—e4	e7—e5
2)	Sg1—f3	Sb8—c6
3)	Lf1—c4	Lf8—c5
4)	0—0	Sg8—f6
5)	c2—c3	Sf6—e4: (!)
6)	Lc4—d5	Se4—f2: a)

Schwarz.

Weiss.

7)	Ld5—f7† b)	Ke8—f7:
8)	Sf3—e5†	Sc6—e5:
9)	d2—d4	Se5—g4 c)
10)	Dd1—g4:	Lc5—e7
11)	Tf1—f2†	Le7—f6
12)	Lc1—g5 d)	h7—h5

(S. Diagramm.)

13)	Lg5—f6:	g7—f6:
14)	Dg4—g5	d7—d5
15)	Sb1—d2	a7—a5

Stellung nach dem 12. Zuge von Schwarz.

Schwarz.

Weiss.

16)	Ta1—f1	Ta8—a6
17)	Tf2—f4	Lc8—g4
18)	Sd2—f3	Lg4—f3:
19)	Tf4—f3:	Ta6—e6
20)	Tf3—g3	Kf7—e7
21)	Dg5—f5	

Schwarz.

Weiss.

	Weiss.	Schwarz.		Weiss.	Schwarz.
21)	. . . .	Dd8—d6	23)	c3—c4	d5—c4: f)
22)	Tg3—g7†	Ke7—d8 e)	24)	Df5—a5:	Aufgegeben.

a) Schwarz will Thurm und zwei Bauern für Läufer und Springer erlangen.

b) Durch die folgende Opfercombination wendet Weiss allerdings diesen kleinen Nachtheil von sich ab, müsste jedoch bei richtigem Spiele des Gegners mindestens die schlechtere Stellung bekommen.

c) Durch 9) . . . . Th8—e8 würde sich Schwarz den Vortheil der Stellung sichern. Auf 9) . . . . Lc5—b6 dagegen würde Weiss durch 10) Dd1—h5† in Vortheil kommen, denn wollte nun Schwarz mit 10) . . . . Se5—g6 antworten, so würde folgen: 11) Tf1—f2† Kf7—e8 12) Lc1—g5; oder 11) . . . . Kf7—g8 12) Dh5—d5† oder endlich 11) . . . . Kf7—e6 12) Dh5—f5† Ke6—d6 13) Sb1—a3 und muss gewinnen.

d) Weiss führt die Partie von hier an mit unserem Beifall.

e) Zöge der schwarze König anders, so würde folgen 23) Tg7—c7:

f) Auch ohne diesen Fehler würde Schwarz verlieren.

82.

Spanische Partie.

	G. R. Neumann. Weiss.	A. Anderssen. Schwarz.
1)	e2—e4	e7—e5
2)	Sg1—f3	Sb8—c6
3)	Lf1—b5	Sg8—f6
4)	0—0	Sf6—e4:
5)	d2—d4	Lf8—e7
6)	Dd1—e2	Se4—d6
7)	Lb5—c6:	b7—c6:
8)	d4—e5:	Sd6—b7
9)	Lc1—e3	0—0
10)	Tf1—d1	Dd8—e8
11)	Sb1—c3	Sb7—d8
12)	Sf3—d4	f7—f5
13)	f2—f4	De8—g6
14)	Sc3—a4	a7—a5
15)	c2—c4	d7—d6
16)	Sd4—f3	

Schwarz.

Weiss.

	Weiss.	Schwarz.
16)	....	Sd8—e6
17)	b2—b3	h7—h6
18)	c4—c5	d6—c5:
19)	Ta1—c1	Lc8—a6
20)	De2—f2	c5—c4
21)	b3—c4:	Le7—a3
22)	Tc1—c2	Ta8—d8
23)	Td1—f1	Tf8—f7
24)	Kg1—h1	Tf7—d7
25)	Le3—c5	Td7—d3 a)

Schwarz.

Weiss.

26)	Lc5—a3:	Td3—a3:
27)	Sa4—c5	La6—c8

	Weiss.	Schwarz.
28)	Sc5—e6:	Lc8—e6:
29)	Sf3—d4	Le6—c8
30)	Sd4—b3	a5—a4 b)
31)	Sb3—c5	Lc8—e6
32)	Df2—e1	Td8—d4
33)	De1—c1	Le6—c4:

Schwarz.

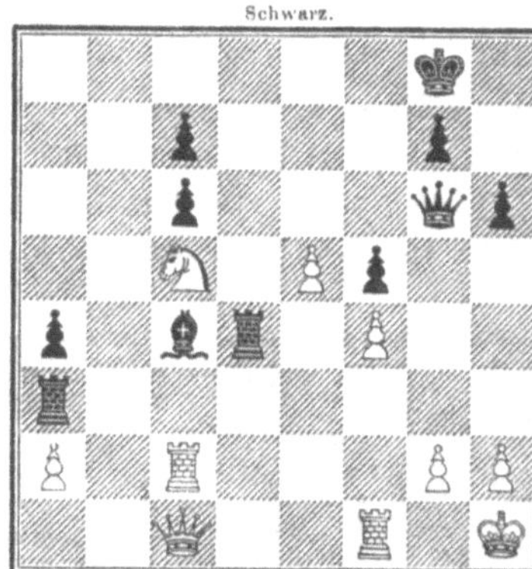

Weiss.

34)	Tc2—c4:	Ta3—a2:
35)	Tc4—c2	Td4—c4
36)	Tc2—a2:	Tc4—c1:
37)	Tf1—c1:	Dg6—g4
38)	Ta2—a4:	

und Weiss gewinnt.

---

a) Nicht gut! Der Thurm kommt nun durch den Abtausch der Läufer in eine ungünstige Lage.

b) Schwarz könnte zwar seinen Thurm durch 30) .... Ta3—a4 befreien, würde jedoch auch dann ein schlechtes Spiel behalten.

83.

Spanische Partie.

	C. Schallopp. Weiss.	A. Anderssen. Schwarz.
1)	e2—e4	e7—e5
2)	Sg1—f3	Sb8—c6

	Weiss.	Schwarz.
3)	Lf1—b5	Sg8—f6
4)	0—0	Sf6—e4:
5)	d2—d4	Lf8—e7

	Weiss.	Schwarz.
6)	Dd1—e2	Se4—d6
7)	Lb5—c6:	b7—c6:
8)	d4—e5:	Sd6—b7 (!)
9)	Lc1—e3	0—0
10)	Tf1—d1	Dd8—e8
11)	Sb1—c3	d7—d5 a)
12)	Sf3—d4	Sb7—c5
13)	f2—f4	Sc5—e6
14)	Sd4—f5	Le7—b4
15)	De2—g4	Kg8—h8
16)	Sc3—e2	Tf8—g8
17)	Dg4—h4	Se6—c5 b)

Schwarz.

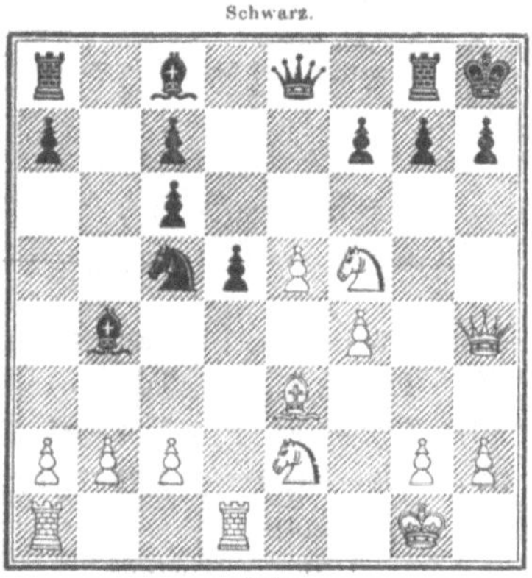

Weiss.

18)	Sf5—g3 (?)	Sc5—e4
19)	Sg3—e4:	d5—e4:
20)	Se2—g3	Lb4—e7
21)	Dh4—h5	f7—f5
22)	e5—f6:	Le7—f6:
23)	Dh5—e8:	Tg8—e8:
24)	c2—c3	Ta8—b8
25)	Td1—d2	a7—a5
26)	Ta1—e1	Lc8—a6
27)	Le3—a7 c)	Tb8—a8 d)
28)	La7—d4	La6—d3
29)	Ld4—f6:	g7—f6:
30)	f4—f5	c6—c5
31)	b2—b3	c5—c4
32)	b3—c4:	Ta8—b8
33)	Kg1—f2	Te8—e5

	Weiss.	Schwarz.
34)	Kf2—e3	a5—a4
35)	Ke3—f4	a4—a3
36)	Sg3—e4:	Ld3—c4:
37)	Te1—d1	Te5—e7
38)	Se4—f6:	Tb8—b2

Schwarz.

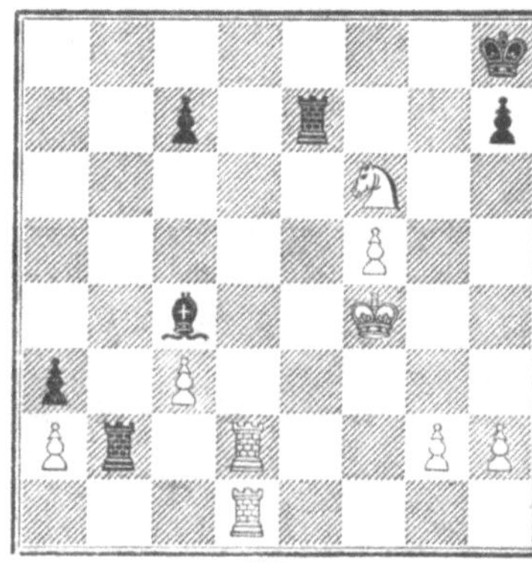

Weiss.

39)	Sf6—e4 e)	Lc4—a2:
40)	f5—f6	Te7—e8
41)	Td2—d8	Tb2—b8
42)	Td8—e8† f)	Tb8—e8:
43)	Td1—a1	La2—d5
44)	Se4—d2	Te8—a8
45)	g2—g4	a3—a2
46)	h2—h4	Kh8—g8
47)	g4—g5	Kg8—f7

Schwarz

Weiss.

	Weiss.	Schwarz.		Weiss.	Schwarz.
48)	Kf4—e5 g)	Ld5—e6	51)	Sd2—f3	Kg6—f5
49)	c3—c4	Ta8—a5†	52)	Sf4—e5 (?)	c7—c5†
50)	Ke5—d4	Kf7—g6		und Schwarz gewinnt.	

---

a) Sicherer ist jedenfalls 11) . . . . Sb7—d8.

b) Ein Fehler! Weiss kann nun durch 18) Sf5—e7 die Qualität gewinnen, da auf 18) . . . . Tg8—f8 durch 19) a2—a3 oder c2—c3, auf 18) . . . . g7—g5 durch 19) f4—g5: De8—e7: 20) Dh4—b4: ein Offizier für Schwarz verloren gehen würde.

c) Weiss gewinnt durch diesen Zug, welcher den Thurm nach a8 zu ziehen nöthigt, ein Tempo, da der Thurm später doch wieder nach b8 gezogen werden muss.

d) Wollte Schwarz, um die b-Linie zu behaupten, mit 27) . . . . Tb8—b7 entgegnen, so würde nach 28) La7—f2 der Bauer e4 verloren gehen, da 28) . . . . La6—d3 alsdann an 29) Td2—d3: scheitern würde.

e) Auch durch 39) Td2—b2: würde Weiss sein Spiel nicht verbessern können, da Schwarz alsdann durch 39) . . . . a3—b2: 40) Td1—b1 Te7—e2 gewinnen würde. — Am besten wäre 39) Sf6—g4.

f) Besser wäre 42) Td8—b8: Te8—b8: 43) Td1—a1 Tb8—b2 44) Kf4—f3.

g) Vorzug verdiente wohl hier 48) h4—h5.

84.

Mittelgambit gegen Königsgambit.

	A. Anderssen. Weiss.	C. Schallopp. Schwarz.		Weiss.	Schwarz.
1)	e2—e4	e7—e5	8)	d2—d4 a)	De5—d4:
2)	f2—f4	d7—d5	9)	Sb1—c3	Sg8—f6
3)	Sg1—f3	d5—e4:	10)	Lc1—e3	Dd4—d8
4)	Sf3—e5:	Lf8—d6	11)	0—0	h7—h6 b)
5)	Lf1—c4	Ld6—e5:	12)	Le3—c5	Sb8—d7
6)	f4—e5:	Dd8—d4		(S. Diagramm.)	
7)	Dd1—e2	Dd4—e5:	13)	De2—e4†	
	(S. Diagramm.)			Schwarz giebt die Partie auf.	

Stellung nach dem 7. Zuge von Schwarz.	Stellung nach dem 12. Zuge von Schwarz.
Schwarz. 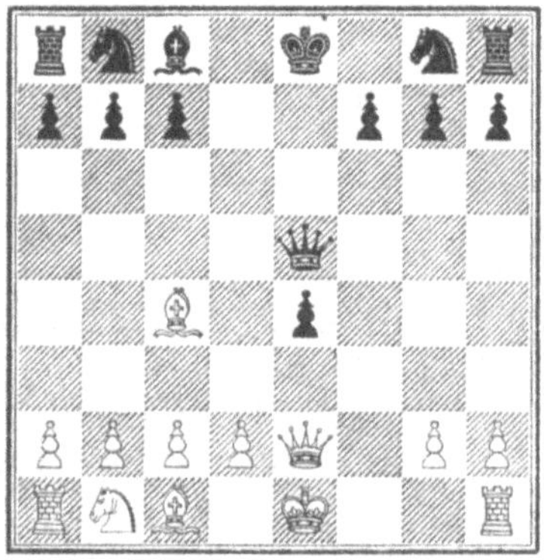 Weiss.	Schwarz.  Weiss.

a) Weiss opfert einen zweiten Bauer, um seine Entwickelung zu beschleunigen.

b) Verhältnissmässig besser wäre 11) . . . . 0—0, doch würde darauf mit Vortheil 12) Le3—g5 geschehen können.

85.

Sicilianische Partie.

	A. Anderssen. Weiss.	E. Schallopp. Schwarz.
1)	e2—e4	c7—c5
2)	Sg1—f3	e7—e6
3)	Sb1—c3	Sb8—c6
4)	d2—d4	c5—d4:
5)	Sf3—d4:	d7—d5 a)
6)	Lf1—b5	Sg8—e7
7)	e4—d5:	e6—d5:
8)	0—0	a7—a6
9)	Lb5—a4	b7—b5
10)	Sd4—c6:	Se7—c6:
11)	Tf1—e1†	Lf8—e7
12)	Sc8——d5:	b5—a4: b)

Schwarz.

Weiss.

	Weiss.	Schwarz.
13)	Lc1—g5	Lc8—e6

	Weiss.	Schwarz.
14)	Lg5—e7:	Sc6—e7:
15)	Sd5—f4	Dd8—d1:
16)	Ta1—d1:	0—0
17)	Td1—d4	a4—a3
18)	b2—b3	Ta8—d8
19)	Td4—a4	Td8—d2
20)	Ta4—a6:	Td2—c2:
21)	Ta6—a3:	Se7—g6
22)	Sf4—h5	Le6—g4
23)	Sh5—g3	Sg6—f4
24)	h2—h3	Sf4—e2†
25)	Kg1—h2	Se2—g3:
26)	h3—g4:	Sg3—e2
27)	Ta3—a7	f7—f5
28)	g4—g5	f5—f4
29)	f2—f3	Tf8—f5

	Weiss.	Schwarz.
30)	Ta7—e7	Se2—d4
31)	Kh2—h3	Tf5—g5:
32)	Te7—d7	

Schwarz.

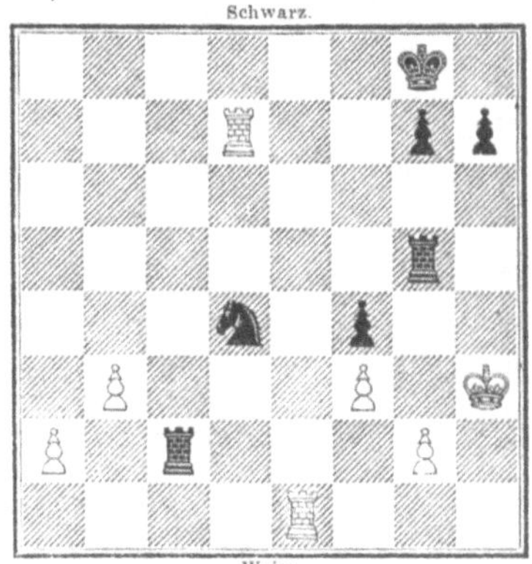

Weiss.

Schwarz setzt in 4 Zügen.

---

a) Sicherer wäre an dieser Stelle, sowie bereits im 3. Zuge a7—a6.

b) Schwarz schlägt den Angriff, welchen Weiss durch dieses Opfer erlangt, sehr bald zurück, und bringt sein Uebergewicht dann schnell zur Geltung.

86.

Evans-Gambit.

	C. Schallopp. Weiss.	A. Anderssen. Schwarz.
1)	e2—e4	e7—e5
2)	Sg1—f3	Sb8—c6
3)	Lf1—c4	Lf8—c5
4)	b2—b4	Lc5—b4:
5)	c2—c3	Lb4—a5
6)	d2—d4	e5—d4:
7)	0—0	d4—c3:
8)	Dd1—b3	Dd8—f6

	Weiss.	Schwarz.
9)	e4—e5	Df6—g6
10)	Sb1—c3:	La5—c3:
11)	Db3—c3:	Sg8—e7
12)	Sf3—g5 a)	Sc6—d8
13)	Tf1—e1	b7—b6
14)	f2—f4	Lc8—b7
	(S. Diagramm.)	
15)	Lc1—a3	c7—c5
16)	Ta1—d1	Lb7—c6

Stellung nach dem 14. Zuge von Schwarz.

Schwarz.

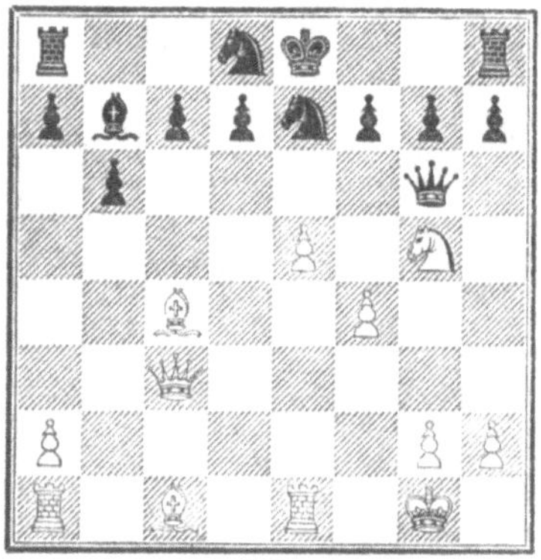

Weiss.

	Weiss.	Schwarz.
17)	Dc3—h3	Sd8—e6
18)	Sg5—e6:	f7—e6:
19)	Lc4—e2	0—0
20)	Le2—d3	Se7—f5

Schwarz.

Weiss.

21)	Te1—e3	Dg6—h6
22)	Ld3—f5:	Tf8—f5:
23)	Dh3—h6:	g7—h6: b)
24)	La3—c1	h6—h5
25)	Te3—g3†	Kg8—f7
26)	h2—h4	h7—h6
27)	Kg1—f2	b6—b5
28)	Lc1—e3	c5—c4

	Weiss.	Schwarz.
29)	Td1—d4	Lc6—d5
30)	Le3—d2	Ta8—c8
31)	Tg3—a3	Tc8—c7
32)	Ta3—a5	Tc7—b7
33)	Ld2—b4	Kf7—g6
34)	a2—a3	Tf5—f7
35)	g2—g3	Kg6—f5
36)	Td4—d1	Tf7—g7
37)	Lb4—c5	Tg7—g8
38)	Ta5—a7:	Tb7—a7:
39)	Lc5—a7:	Tg8—c8
40)	La7—d4 c)	c4—c3
41)	Td1—c1	c3—c2
42)	Ld4—e3	Tc8—c3

Schwarz.

Weiss.

43)	Tc1—a1	Kf5—g4
44)	Kf2—e2	Ld5—f3†
45)	Ke2—d2	Tc3—e3:
46)	Kd2—e3:	Kg4—g3:
47)	Ta1—g1†	Kg3—h2
48)	Tg1—c1	Lf3—d1
49)	Ke3—d4	Kh2—g3
50)	Kd4—c5	Kg3—h4:
51)	f4—f5	Kh4—g5 (!)
52)	f5—f6	Kg5—g6
53)	Kc5—d6	Kg6—f7

und Schwarz gewinnt.

a) Stärker ist 12) Lc1—a3.

b) Es scheint, dass die Partie wegen der ungleichen Läufer remis werden müsste.

c) Statt dieses oder des nächstfolgenden Zuges musste Weiss den Läufer nach e3 und später nach c1 ziehen.

Wilhelm Gronau's Buchdruckerei in Berlin.

FSC
www.fsc.org
MIX
Papier | Fördert gute Waldnutzung
FSC® C083411

Zeitfracht Medien GmbH
Ferdinand-Jühlke-Straße 7
99095 Erfurt, Deutschland
produktsicherheit@kolibri360.de

AF640409